奧地利寶盒的烘焙

U0050207

Austriabox's Home Baking

獻給
MANFRED

回頭的地方　有你的等待

感謝我的先生 Manfred

容許我的抉擇與迷途，執著與脆弱

無論成與敗，始終用一樣的眼睛看我

無論得與失，他身邊一直有我的位置

無論榮與辱，懷抱裡有他的風波不驚

無論悲與歡，依舊一起春夏秋冬共度

幸運碰到一個這樣的先生

晴陽雨雪時共同承受生命輕重

所以才能

走到這裡 來到這裡

烘焙世界裡的鉅細靡遺

不知是否因同樣離開成長的台灣,自己與寶盒都算是旅居國外的異鄉人,初次透過網路接觸、進而認識寶盒時,在她發表的各式甜點食譜中、在鉅細靡遺敘述著操作細節的字裡行間,慢慢瞭解也認識了這位,不少朋友或許早就熟悉的「奧地利寶盒」老師。彷彿在她的烘焙甜點廚房裡,隱約看見了相仿的身影,那是一幅寶盒優雅穿梭在筆記本、筆電及寧靜廚房工作檯前,默默推敲著油、糖、麵粉比例、嘗試著不同溫度、不同時間裡創作甜點的身影。

當甜點在瀰漫著香甜氣味的廚房出爐時,輝映著她臉上悠然的一抹微笑,那金黃閃耀的甜點就會登上窗台邊的舞台,藉著季節交疊的光影變化,拍出一張張讓大家垂涎、渴望跟著嘗試的迷人甜食之作。

早在好奇心驅使下,我也悄悄地搜尋了寶盒在生活或旅行中所分享的照片,某一張在照片裡的她,隨興坐在咖啡館櫥窗後的高腳椅上,望向遠方的眼神裡,有著收藏了異國旅人生活故事的深邃,濃密捲髮下是一張堅毅臉龐的線條,這張照片勾勒著一位對生活充滿炙熱的女人線條。

在幾次透過文字交談的往返中，漸漸地發現了她掩藏在文字底下的客氣，是一位不愛給別人添麻煩的善意。在我心的衝突是，當她站在廚房烘焙工作檯前時，卻又有著不願妥協、力求完美呈現的堅持。這樣的衝突或許跟自己相似，爾或更為專注。由此推想著寶盒應當經常在內心，翻攪著千滔萬浪情緒，要斟酌如何在不傷害烘焙者提問的矩陣中，用得宜的文字苦苦勸説，只希望網路彼端那位同樣愛上烘焙的人，能把條理、規矩擺放在隨興浪漫之前呀！

有幸比大家搶先一步讀到本書的內容，書中圖照編輯與寫作之細膩，一如寶盒始終貫徹的風格，翻閱之間就能感受到一種躍然紙上、隨側教導的身影。我很愛、也感受到書中想要給我們那份「家庭幸福日常」的氛圍，那不正是白己愛上烘焙的原因嗎！我想你們也會在這本書裡，找到唯你專屬，那一份珍貴的「幸福日常」。

Brian Cuisine Inc. 創辦人
不萊嗯

讓我們一起「賴在寶盒的廚房裡」

不曉得您有沒有這樣的經驗，在一個陽光從玻璃窗斜斜灑落的午后，窩在朋友家中廚房裡，手中的打蛋器愉悅的旋轉著、空氣中瀰漫著奶油的芬芳，然後，一道道優雅的糕餅像魔法般出現在餐桌上，三五好友悠閒地談笑、享用美點，時光彷彿凍結，只想繼續賴在這裡……是的！這就是這樣的一本書，輕鬆自在、沒有壓力，因為，做甜點本來就是件愉快的事！

認識寶盒不過短短一年，但早已久仰她在網路上的盛名，她的作品透過無數烘友的傳遞，彷彿魔法般地讓大家深深著迷。一直以為遙不可攀的寶盒，在巧妙的機緣下初次邂逅卻一見如故，那天開始，一件件對於烘焙的夢想開始萌芽，我們有著聊不完的烘焙、攝影甚至是人生經歷的話題，在我的眼中，寶盒充滿自信、神采飛揚、有著堅毅獨到的眼光，心思細膩、洋溢著創意才華，卻謙虛熱心；日常唾手可得的麵粉、雞蛋與糖等材料，在她手中幻化成一道道帶有異國風情但毫無違和、沒有距離的餐桌上的美點。

對於非專業的朋友來說，打開一本烘焙書籍最期望的是什麼？無非是能在輕鬆愉悅的心情下，完成外型迷人、味道感動的糕點。在這本書中，感受不到緊湊慌忙、沒有繁重的深奧理論，只有滿滿的熱情、製作的快樂！這些糕點不是擺在奢華櫥窗的裝飾品，而是在溫暖的咖啡廳、溫馨的客廳裡，無時無刻都想伸手取用的幸福。書中的製作、文字以及攝影都出自寶盒的雙手，透過這一幅幅精彩的畫面，看見每一道愛不釋口的糕點、以及融合了奧地利異國文化的美味幸福，讓我們一起『賴在寶盒的廚房裡』！

馬卡龍鼠叔

S.C. Morgen Huang

關於 S.C. Morgen Huang：一位普通到不能再普通的上班族，攝影是興趣、烘焙是生活、美食是樂趣，盡其一生追求無拘無束、自由奔放的生命。

烘焙裡的倔強與真情

奧地利寶盒是什麼？

我很難找到確切的，或者足夠的形容詞來形容。

打從一開始，姐姐所走的路，就是我們家人不太瞭解的。

她本來就這麼不一樣。中年離開了職場，一個年過半百的女子，沒有經驗、沒有訓練，只因為想要去做，她就背著大背包離家一百多天走了三千多公里路，而她又做到了！看到她的勇敢與執著，似乎每件事都是這麼有樂趣、這麼有盼望。

或許，是因為我知道。我知道她過去曾走過的路，我知道她經歷過的艱難，我知道她曾受過的傷。她的倔強讓她受傷，然而她的倔強也成就了她。我又再一次，看到她拍動著翅膀從谷底出來，我知道她已準備好另一段的旅行，過往的挫折與背叛已成為起飛的燃料。

我喜歡姐姐總是正面地面對她原來不會、不熟悉的事，她的勇敢也讓自己需要付上代價去學習很多不同的功課，真的不容易，我常笑她是一個「辛苦的快樂人」。

現在，看奧地利寶盒，好像什麼都是理所當然，但是我知道這一路走來真的不那麼簡單。這幾年，寶盒無私的分享，奉獻自己的心力與時間，最難能可貴的是，將自己的真感情表露無遺。

我說：姐姐，放手去做吧！

因為，我知道每一個頁、每一字都是妳的真心。

除了烘焙，我知道在這裡有妳的愛與真心，就用愛來充滿每一頁吧。

我相信妳不曾忘記最開始所要追求的那個真實，我也知道妳會固執的走下去。

這倔強與真感情，我想，就是奧地利寶盒。

台灣原色創意行銷有限公司 創辦人

傅寶仁

合十說感恩

未來裡的過去　過去裡的未來

我是一個帶著過去走向未來的人

在許多不可放下的曾經裡

在經過只有自己記得的彎坡與波濤後

在愛與被愛之間

在被愛與愛過之後

我走到這裡

我來到這裡

感謝我的春秋裡，有戰國

感謝我的回首裡，有燈火

福與禍，起與伏

都沒有讓我忘記真心中的純念

坡與波，成與沈

都教會我因緣中的至善

在我來到現在所站著的地方前

遇到過很多很多　很多很多好人

跨過他們搭的橋，走過他們鋪的路

接受過他們的滴水恩，享用過他們為我熬的熱菜湯

很多很多人，很多已經不記得名字的人

不求回報的，在我的生命中留下了那珍貴部份的自己

很多很多人，很多已經不記得面孔的人

無所隱藏的，在我的感情裡留下了不可磨滅的啟發與震盪

能夠走到這裡，是靠著愛與期望中的信任與珍惜

能夠來到這裡，是憑藉著時間裡得到的注視與肯定

愛能讓一個人走很遠　很遠的路

在過去八年裡，揹背包步行，腳下累積超過九千公里路

其中的七千多公里，是一個人獨自完成的

最長的一次，也是第一次獨行，是在 2009 年春天

踏出維也納的家門後，一路步行向西，橫越奧地利，經過德國，列支敦士登，橫向貫穿瑞士，法國，一直到西班牙的 Santiago de Compostela 才完成

首次獨行，一共走了 137 天，在不斷的迷惘，躊躇，遲疑，怯懦中，步行完成了我的 3200 公里路

對於一個將名牌包包換成背包的我來說，並不知道自己能夠在任何能夠躺下的地方，馬房裡，河堤邊，穀場中，田埂旁，軍帳裡……度過我的夜晚

對於一個一直把自己的感覺放在第一位的我來說，並不知道能在別人充滿痛悔與不可追的人生故事裡，滿佈水光的眼瞳裡，感受靈魂底端不知所措的撕裂

並不記得多少路，是踩在歡喜與傷痛的淚水裡完成的

確實記得多少人，讓我瞭解破裂的心，一樣有點燃萬丈火焰的力量

徒步的時間裡，不斷不斷的，接收著，也接受著

那些我稱呼為「陌生人」的他們的恩典與福慧

一杯水，一碗粥，一塊麵包，一個指引

一張床，一個夢，一片溫暖，一段牽繫

每一雙湖水深的眼睛後，都藏著可以淹沒人的柔軟

他們

在我的暗夜裡掌燈，在我的迷惑裡指路

不問過我的來處，不好奇我的去處，甚至不逼迫我說出自己的名字

對著衣衫襤褸的我，輕輕的稱呼 Madam

對著嚅囁不清的我，靜靜的等我把單字組合成句

對著萍水相逢的我，淡淡的說了最心痛的過去

對著心如死灰的我，默默的將濃情熬入擁抱裡

…… ……

一天又一天，一公里又一公里，他們繼續在我手裡與心裡，留下他們的給予

一點又一點的，他們讓原本堆積在胸口的石頭，化為腳下的塵沙

至今回想起來仍然會顫抖的所有經過：每一個曾經與我同步同行同受大地雨露的他們，不准我放棄的英國，把自己心愛的睡袋送給我的愛爾蘭，照顧病中的我八天的荷蘭，陡坡上分享了他找到的山泉水的比利時，護著我渡河的西班牙，知道每一顆星星名字的義大利……都成為過去八年來支持我的力量

英國說「現在找尋的為什麼，會在未來的不找尋裡找到」

荷蘭，告訴我「只要把心變大，相對的，傷口就會比較小」

問法國「我怎麼報答你？」法國說「你可以試著幫助別人」

他們，讓我在面對每一個命運彎口時，都勇敢的記得愛的存在，與，存在的愛

序與續　願緣圓

為這本書寫序，大概是整本書最難的部份

用了超過三週的時間，看著空白的螢幕，完全寫不出一個字來

在寫下這段序文時，多少前塵往事一一上心

沒有什麼能夠描寫我的心情，那些經過的許多，其實真的很難用字句，用言語去描寫

整個寫序的過程，是在寫一段，哭一段，停一段中完成的

淚水裡沒有任何委屈。流淚，只是因為我真心感恩。我的路，這麼難得的，曾經與或是正在與許多許多這麼這麼特別的你們交錯

這本食譜書在我人生的第五十八個年頭，誕生

書，能夠順利出版，確確實實是受著許許多多恩惠的滋養：感謝路上的恩人，感謝很多的你們，感謝我的先生，我的公公，我的弟弟們，我的親人，我的好友 Vincent⋯⋯在我的生命裡，始終無我的給予與承擔，無止境的無條件的投注關愛與支持，才讓我能夠無畏的帶著自己的過去，專心的把自己放入這本食譜書的籌備與製作中，走入新的未來，並且有了新的盼望

這樣的我

是因為你們，才能走到這裡

是因為你們，才能來到這裡

沒有一個合適的字，沒有一個合適的動作，能夠讓我完全表達許多深藏在心中的感激

這個序，為了書而作

說是序，其實是個續：是 "續願" ， "續緣" ，與 "續圓" 的盼望與延伸

從過去，走進現在

我希望能一直接續你們所給予我的願心，藉因緣引路，讓因緣更趨圓滿

真心希望，這本藉著你們留在我心中力量而完成的，代表家庭甜蜜烘焙的食譜書

能夠成為一種愛與力量的陪伴

能夠永遠留在你們的廚房角落裡

能夠也成為屬於你們的味道

能夠陪伴你們度過無數值得紀念的家慶與歡樂時光

能夠留給你們與親友無法忘記的美麗記憶

並祝福親愛的你們

能夠從充滿愛的生活中找到屬於你們的完整甜蜜濃度與真正圓滿

合十說感恩 我是在你們的溫暖擁抱中 啟程

合十說感恩 我是在你們的無限祝福中 抵達

寶盒 合十

目　　錄

INTRO
家庭烘焙基礎指南

PART1 家庭幸福日常
奶油蛋糕

目　　錄

PART2 家庭甜蜜光景
乳酪蛋糕

PART3 家庭味蕾享趣
塔與派

PART4 家庭茶點時光
餅乾

SPECIAL
手作醃漬水果 ・ 果醬

食譜導讀

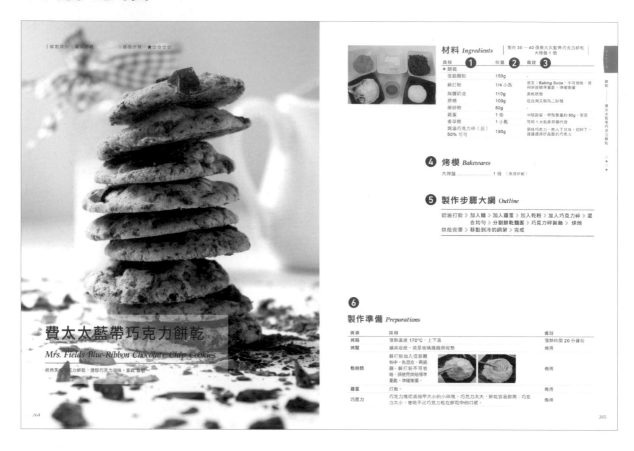

書中所收錄全數糕點食譜，承諾：
#經過至少三重食譜測試以確認食譜穩定度
#每則食譜收錄完整製作步驟與操作技巧提點
#每道食譜的成品照片皆是依照食譜內容所完成

❶ 食材順序

食材順序，是以準備、操作、烘焙、裝飾的順序編排的，依照製作步驟中取用食材的先後次序列出。

舉例，在蛋糕製作中，乾粉類多半是最後一個步驟加入，不過，乾粉類的混合與過篩，是在準備工作中前置步驟之一，因此，麵粉通常是食譜裡第一個列出的食材。

❷ 食材衡量工具與方式

食材的份量，全部以公制為計量單位。公克＝ g，毫升＝ ml。

烘焙始於衡量，食材衡量的必要工具：電子秤、量杯、量匙。

電子秤應該選擇有可以歸零功能的電子秤，最小秤重重量至少為 1 公克（g），能到 0.01g 更好。測量液態食材的烘焙用標準量杯，有不同容積、不同的刻度設計，應該選擇公制單位的量杯。測量液體食材時，例如牛奶，如果需要 100ml，只要把鮮奶倒入量杯，份量達到 100ml 的指標線就可以。

衡量小份量食材的量匙，至少準備 4 隻，分別是：1 大匙、1 小匙、1/2 小匙、1/4 小匙。用於小量的食材，如可可粉、抹茶粉、泡打粉等等。使用量匙，均以平匙為準，就是用匙子舀起來後，

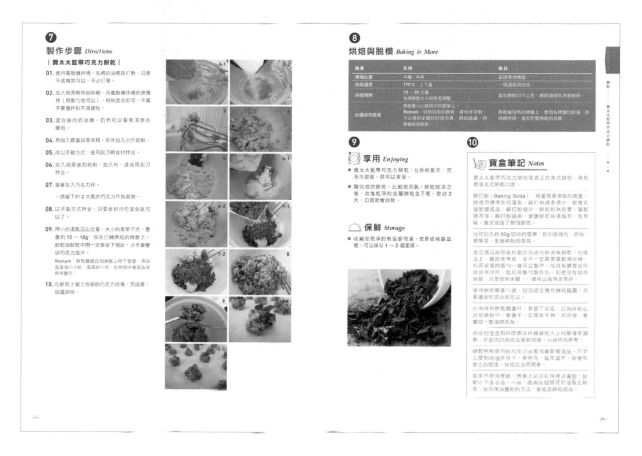

❼ 製作步驟 *Directions*

| 費太太藍帶巧克力餅乾 |

01. 使用電動攪拌機，先將奶油略為打軟，只要不成塊就可以，不必打發。
02. 加入粗蔗糖和細砂糖，用電動攪拌機低速攪拌（用飯勺也可以），粗粒混合即可，千萬不要攪拌到不見糖粒。
03. 混合後的奶油糖，仍然可以看見清晰的糖粒。
04. 再加入雞蛋與香草精。另外加入少許乾粉。
05. 改以手動方式，使用刮刀將食材拌合。
06. 加入過篩後的乾粉，加入時，請使用刮刀拌合。
07. 接著加入巧克力碎。
　　— 請留下的 2 大匙的巧克力碎作為裝飾。
08. 以手動方式拌合，只要食材均勻混合就可以了。
09. 使用小的冰淇淋勺定量，大小也是要手大。重量約 15～18g。放在已鋪烘焙紙的烤盤上。餅乾與餅乾中間一定要留下間距，才不會變成巧克力海洋。
　　Remark：餅乾麵團到網架上時不要壓，應該是堆堆小小的，高高的一坨，在烘焙中會因為受熱而變平。
10. 在餅乾上撒上預留的巧克力碎塊。完成後，施爐烘焙。

❽ 烘焙與脫模 *Baking & More*

❾ 享用 *Enjoying*

❿ 寶盒筆記 *Notes*

保鮮 *Storage*

刮平，就是所需要的份量。

烘焙中所使用的香料，多半只需要一點點，份量錯誤，會影響整個糕點在口味上的均衡度，要特別謹慎。

食材列明，1 小撮或是刀尖量。1 小撮，是拇指與食指可以捏起來的份量。刀尖量，就是餐刀刀尖可以挑起來的份量。

❸ 食材建議與食材狀態

食材的彙整中，註明份量、大小、狀態與溫度。並包括所需食材的必須注意的細節。例如乳脂肪、可可脂比例：動物鮮奶油 36%、苦味巧克力 70%……。例如糖的種類、粗細、特質。在選擇與使用食材時，能更精確。

雞蛋的溫度、奶油的溫度，都會直接影響糕點的成果。奶油，一定使用無鹽奶油，如果糕點中需要鹽，會列明指定需要的份量。

＊奶油的狀態：

冷藏溫度：在製作時，奶油應該才從冰箱冷藏室取出使用。

柔軟狀態：奶油是從冷藏室中取出在室溫中回軟，使用時，指壓奶油會留下壓痕。一般是操作前 30～60 分鐘前取出，時間長短取決於環境溫度，奶油回溫就可以。

流質狀態：融化奶油成液態。食譜中會說明，融化的方法與融化程度。

不要使用長時間留在室溫中的奶油製作糕點，特別是需要打發奶油的糕點，如磅蛋糕。已氧化的奶油、變質的奶油與溫度過高的奶油，都會影響打發，或是無法打發。

❹ 適用烤模

烤模種類尺寸繁多，每則食譜中都盡可能清晰地註明烤模尺寸、形狀、材質、特性。

使用的烤模的材質與形狀，都會直接影響烘焙的溫度、時間，甚或成果。

❺ 步驟大綱

簡略說明整個製作流程。可以在正式操作前，對步驟有簡單的瞭解。

❻ 前置步驟

是步驟操作前，必要的準備工作。

在每一道食譜中，會一再看到「烤箱預熱、烤模抹油灑粉、或是乾粉混合後過篩」……等步驟。這些步驟都是每一次糕點製作時必要的準備工作與必經步驟。每道食譜中，烤模「抹油灑粉」的動作，所用的油與粉皆為食譜份量外。

為了力求每篇食譜保有獨立性與完整性，讓即使完全沒有烘焙經驗的人，也能在挑選任何食譜嘗試的時候，沒有疏漏地順利完成。所以，所有的基本準備動作，都會一再重複。

❼ 製作步驟

分段步驟，例如塔皮製作、內餡製作、淋醬、裝飾，都會以獨立方式區隔，增加清晰度。

每個步驟中，都有詳細的解說文字、註釋、提點等說明。步驟文字解說的編號，搭配步驟圖的編號。

某些單一步驟中，會有超過三張的步驟圖，針對一個步驟中，食材的階段性變化，例如製作蛋白霜，從分段加入糖，中間蛋白狀態，接近完成時的特徵，到完成時的狀態……等，都可參考步驟圖示。

舉例來說，單一步驟：步驟 03，有三張步驟圖，在製作步驟單元中，次序編號以 3-1、3-2、3-3 清晰標示，藉由圖示解說，瞭解單一步驟操作中的完整變化。

步驟操作中使用的輔助工具，如攪拌機、食物調理機、微波爐等所列的操作時間與功能建議，都是參考數值。電器的功能與功率不同，應該以家電的實際性能為準。

特定步驟中，另外列明的小提示，會添加星號＊，或以 Remark 註明，作為重點步驟的補充說明。

❽ 烘焙要點

書中所有的烘焙溫度與烘焙時間，是參考數值，不是絕對數值。

各個廠家烤箱的功能不同，應該要依據個人烤箱的實際性能，做最適當的調整。

書中分享的烘焙溫度，是來自歐洲家庭用，容積 60 公升、不分上下溫的烤箱。全書紀錄的烤箱溫度，完全沒有使用烤箱的旋風裝置。烘焙蛋糕時，建議不要使用旋風裝置，才不致於影響蛋糕的口感。

如使用旋風裝置烘焙，溫度要減低約 20°C。舉例來說，食譜建議 180°C，旋風功能只需要 160°C 就可以。

食譜書中絕大多數的糕點，是以同一個烤溫烘焙，直到完成。少數的糕點，需要採取兩段式的烘焙方式，用兩種溫度烘焙來完成。一般都是入爐溫度高，幫助糕點定型，之後，再調低溫度，讓糕點熟成。

對於某些糕點，熄火閉爐是必要烘焙步驟。熄火閉爐，也是一種烘焙的方式，利用烤箱的餘溫，來幫助蛋糕熟成。或是，利用餘溫，讓蛋糕在慢慢減溫的環境中冷卻。針對不同糕點，閉爐方式可分為熄火密閉與留小縫閉爐兩種，烘焙要點裡會說明。

除此之外，烘焙過程中如有需要為糕點劃線、鋪鋁箔紙隔熱、出爐處理、脫模時間，都在烘焙中細列。

❾ 享用與保鮮

說明不同糕點最佳的享用方式與時間，以及說明不同糕點的理想保存方法與注意事項。

❿ 寶盒心得

總結整理每個食譜製作上特別應該注意的要點：食譜食材變化建議，烘焙知識分享，延伸閱讀與延伸學習……等。

● ○ ○ ○ **寶盒** ○ ● ● ●

學習自己喜愛的東西
從來不是一件讓人覺得辛苦的事情

讓開始，有開始
讓未來，有未來

INTRO

○　○　○

家庭烘焙
基礎指南

○

10 件專業點心師也會做的事

1. 動手操作前，仔細閱讀食譜

每次動手操作前，先仔細閱讀與瞭解食譜步驟，是完成成功與理想成果的首要條件。

確實瞭解步驟後，在實際操作過程中，才能更順手，不致於因為手忙腳亂而疏漏食材或在關鍵步驟時造成不必要的停頓。

順暢的流程，能幫助糕點在有效的時間完成製作，在理想狀態下入爐烘焙。

2. 確實準備，細心備料

在法國的烘焙與料理教科書裡，都可以看到 " Mise en Place " 一辭，說的就是餐飲工作中非常重要的備料與準備工作。

食譜中所需食材的照片，就是我的備料準備工作。備料中，可以再度檢視食材的新鮮度、有效期限，並且做步驟操作的預演動作。

一顆壞掉的雞蛋，能毀掉整個蛋糕。每一顆雞蛋打開時，應該先用分離的容器，品質確認後，才加入其他雞蛋中。

市售膨鬆劑（英文：Leavening agent）：酵母、泡打粉、蘇打粉，都是有保存期限的烘焙材料；使用前，應該特別留意包裝上的保存期限標示，或是實際測試確認膨鬆劑的效力，以避免因為使用保存不當而失效的膨鬆劑而影響成品。

將食材準備好，操作上會更順暢，減低因為不熟練而忘記某個食材，跳躍重要步驟的可能。

完成備料後，建議應該要再次比對食譜的食材數量與種類。

3. 衡量，衡量，更精準的衡量

烘焙是藝術，也是科學。

糕點所呈現的完美滋味與均衡口感來自於食譜中每一個食材的滋味與份量。

在料理時，忘記放鹽，鹹味不夠，都可以在完成後彌補。烘焙，不一樣。多放或少放了麵粉，放錯了麵粉，就已經決定了完成糕點的口感，無法在烘焙後再調整與修正。

烘焙的科學，始於衡量。

需要衡量的東西，表示準確性要高。烘焙一定要準備衡量用的工具，必要的有電子秤，還有標準的量匙與量杯。皆以公制衡量單位的為準。

量杯是測量液態食材之用，例如鮮奶、清水等。量匙是針對小份量食材之用，如各種香料、烘焙用膨鬆劑等。

精準衡量，一公克就是一公克，一毫升就是一毫升，一小匙就是一小匙，不多不少，就是好的開始。

4. 每個食材的存在與份量比例，都有理由

每個食材，都有每個食材具有的特性。

白砂糖在糕點中所扮演的角色，除了給予甜度之外，還讓糕點擁有完美的色澤、質地、滋潤度與蓬鬆度。

每個食材，具有的特性，並不能由其他類似食材 100% 取代的。

簡單說，砂糖與糖粉，砂糖與蜂蜜，不同。奶油與植物油，不同。低筋麵粉與高筋麵粉，也不同。不同食材的不同特性，因此讓糕點擁有了不同的風味與風貌。

增加糖，減少糖，更換糖。更換油脂，減少油脂……。更替增減食材的同時，也改變了食譜。改變的，不僅僅是食譜的比例，也改變了成品的味道、口感與質地的均衡度。

更動過的，沒有經過測試的食譜，增加了變因。對於正在學習烘焙的人，在審視成果、尋找失敗原因、重新修正時，有一定的難度。

5. 食材溫度

注意食譜中要求的食材溫度，絕對必要。許多失敗是食材的溫差過大而導致的。

烘焙四大主要食材：雞蛋、奶油、麵粉、糖，應該特別留心食譜中雞蛋與奶油所要求的溫度與狀態。

奶油的溫度與狀態，在不同的糕點裡有不同要求：冷藏、室溫、液態。

因為氣候影響，奶油溫度過高時，應該先將奶油放入冷藏室內降溫後，才使用。

利於打發的柔軟狀態的奶油，在使用時，溫度應該在 16 ～ 25°C 之間（視操作環境的實際季節氣候溫度有所不同），夏天時，使用溫度較低的奶油，約 16 ～ 18°C；冬天時，奶油溫度應該高一點，約 20 ～ 25°C。

奶油的溫度過低，不易打發，如果打發不足，所完成的糕點，組織質地相對的會比較密實。

將蛋汁加入打發的奶油霜時，如果雞蛋溫度過低，與奶油的溫差過大，奶油因而變硬，容易造成油水分離的現象。

6. 烘焙模具的準備工具

決定適用的烘焙模具後，烤模的前置工作，如抹油、灑粉、鋪烘焙紙、鋪烘焙用矽膠墊……等，是不可忽略的步驟。

糕點備料成功，操作成功，烘焙成功。如在脫模時因為沾黏而失敗，真的會讓人非常懊惱。

烤模的準備工作中，包括確認烤模是否乾淨。在烤模抹油灑粉前，仔細檢查烤模是否有鏽點，或者有無前一次烘焙留下的殘留物，特別是烤模的四角、花紋與線條的部份，確認後，才進行抹油灑粉的步驟。

使用多線條與紋路設計的烤模，如咕咕霍夫烤模時，如果希望完成稜角漂亮的糕點，抹油要特別細心，來回薄薄的刷兩次後，才用篩子篩上麵粉。

抹油，使用室溫軟化的奶油、澄清奶油、乳瑪琳都可以。

灑粉，建議用篩子篩上麵粉，多餘的麵粉一定要倒出來。使用高筋麵粉的效果比較好，其他如：低筋麵粉、堅果磨成的細粉、麵包粉……等也可以。

完成抹油灑粉的烤模，在填入麵糊前，可以放入冰箱內冷藏備用。

當沒有相同的模具時，可以選擇其他烤模替代。含有膨鬆劑的食譜，填入烤模的麵糊量，最多七分滿為佳。不含膨鬆劑的食譜，最多以八分滿為宜。

麵糊裝填過滿時，在烘焙過程中，麵糊會因受熱上升而溢出來，上方的麵糊無法定型與成形，會因此延長烘焙時間，讓蛋糕因為過度烘焙而外層厚殼、口感乾燥，完成糕點的外觀也會受到影響。

模具的前置準備作業，不但能幫助蛋糕完美脫模，也能讓事後的清洗工作更簡單。奶油與麵粉所形成的「保護膜」，也能夠延長烤模的使用壽命。

7. 烤箱提前預熱

烘焙與溫度有絕對的關係。

烤箱要提前預熱。製作一般簡易的家庭蛋糕，個人的習慣是在開始備料時，就開始烤箱預熱動作。

預熱時間的長短，每家烤箱不同。烤箱應該預熱直到達到需要的烘焙溫度，才是正確的。糕點入爐烘焙時，烤箱的溫度應該已經達到指定烘焙溫度。糕點在適當的溫度中才能進行膨脹、定型、上色、完熟等階段。

對烤箱性能不熟悉，或是察覺烤箱有溫度不穩定現象時，建議購置烤箱內用的溫度計輔助。

8. 乾性粉類食材要過篩

乾性的粉類食材，如麵粉、鹽、泡打粉、蘇打粉、玉米粉、可可粉、抹茶粉……等等，都應該經過過篩後使用。特別是容易結團的低筋麵粉，或是容易吸收濕氣的可可粉與抹茶粉，過篩

是必要動作。這樣完成的糕點中，才不會出現粉團與粉塊。

乾粉過篩，能去除雜質、篩除粗顆粒，讓拌入乾粉的攪拌過程更輕鬆。麵粉在過篩過程中，能包入空氣，因此拐高完成糕點的蓬鬆度。

食譜中若使用烘焙膨鬆劑，如泡打粉與蘇打粉，應該先將膨鬆劑加入麵粉中，均勻混合後，再過篩。烘焙出來的蛋糕，才能擁有蓬鬆均勻、氣孔大小一致的質地。

選用過篩用的篩子，孔隙不宜過大，否則就失去了過篩的意義。

9. 避免過度操作

奶油霜、蛋白霜、糕點麵糊、塔派麵團、餅乾麵團……不同的點心，製作方式有所不同，最重要的是用正確的操作方法，讓麵糊與麵團達到理想狀態。

製作糕點，特別應該注意的是乾濕食材混合的步驟。以麵糊製作為例，麵糊達到均勻滑順的狀態時，步驟完成，就應該停止拌合動作。任何過度、用力、快速、不正確的攪拌動作，或是使用錯誤的工具，反會因此造成麵粉出筋或是蛋白霜中的空氣消失（消泡），進而導致失敗的成品。

在製作塔派皮時，應該盡量避免反覆揉捏拉扯與不必要的翻折動作，以免影響塔派皮應有的理想質地。

10. 顧爐

烘焙糕點，應該從糕點進入烤箱的一刻，就要使用定時器，並且顧爐。

個人的習慣是，如果食譜建議的烘焙時間是60分鐘，我的定時器會設定在50分鐘。在30分鐘時（烘焙時間一半時），會觀察糕點外型、上色程度、蓬鬆度，考慮是不是應該蓋鋁箔紙隔熱，或烤盤掉頭。

利用10分鐘的時間差，來決定是否應該延長或減短烘焙時間，增高或是降低烘焙溫度。

在指定烘焙時間沒有超過一半前，建議不要

打開烤箱門，避免讓冷空氣進入烤箱，而影響烤箱內部的恆溫。特別是糕點在膨脹階段時，溫度過低，會讓蛋糕無法長高蓬鬆。

每家烤箱的功能、性能、熱循環設計、聚熱點位置都不同，一般烤箱在靠烤箱門一端，溫度會比較低。只有藉著顧爐，才能烘焙出受熱均衡且色澤均勻的成品。

常常顧爐，就能更了解自己的烤箱，在未來的操作上，會因為熟悉度而受益多多。

•••• 寶盒 ••••

讓錯誤，成為過程
把失敗，當作學習
拿瀏覽食譜的時間，用來努力的嘗試與犯錯
於是手上的記憶，就會留在心裡

或許，未來有一天
你也決定寫一本屬於自己的食譜書

10 項烘焙必備的基本工具

1. 刷子

　　用途：烤模抹奶油，塗抹酒糖液、果醬、糖漿、巧克力醬，刷吉利丁液、蛋汁。

● 毛刷：密度較細密，硬度較柔軟。用來刷蛋液時，比其他的刷子，更均勻漂亮。不過因為容易掉毛，在使用時要特別注意。如果偏好與習慣使用毛刷操作，建議準備至少兩隻毛刷，一隻專用於刷奶油，另外一隻只用於刷蛋汁，避免交互污染，符合衛生要求，容易清洗維護，並能延長毛刷的使用期。

● 矽膠刷：密度較差，硬度較高。沒有脫毛的疑慮，適合刷質地較為濃稠的液體食材，如果醬、巧克力醬、蜂蜜、糖漿……等。由於耐高溫，在清潔上可以用洗碗機洗刷，比毛刷容易，產品壽命期比毛刷長。

● 尼龍刷：密度比較高，硬度在毛刷與矽膠刷之間。同時有毛刷與矽膠刷的優點，價格雖然比較高，但是使用、清潔、保養都非常方便。

2. 篩網與濾網

　　用途：各種乾粉過篩，各種液態食材過濾。

篩網與濾網以直徑為規格，建議採購利於清潔保養的不鏽鋼材質。

　　採購篩網與濾網時，要注意篩網因應不同食材過篩的需要，孔隙大小不同，有粗篩與細篩分別。細篩網多半用於篩麵粉、可可粉、抹茶粉等乾粉類食材。粗篩網可用

於篩選堅果磨成的細粉，或是其他較粗的食材。

篩網與濾網的孔隙越小，過篩的速度越慢，相對的，過篩後的食材細緻度也越高。經過過篩步驟，能夠去除乾粉食材中的雜質或受潮的粉塊，提高乾粉的蓬鬆度。對用於蛋糕裝飾的各種淋醬、乳酪醬來說，過篩步驟也能讓食材質地與光澤都更好。

3. 手動攪拌器（打蛋器）

用途：打發奶油、雞蛋、鮮奶油，以及攪拌食材與餡料。

材質上的選擇有不鏽鋼、矽膠製、塑膠製與一種混合材質製成的。

製作餡料與醬汁時，使用軟質地的矽膠與塑膠製品，比較合適。如果是需要加熱製作的餡料與醬汁，耐高溫的矽膠製品會比較理想。

不鏽鋼製的手動攪拌器，硬度高，比較適合作為打發奶油、雞蛋以及攪拌食材，特別是濃稠度高的食材與麵糊，只能用不鏽鋼製的手動攪拌器來操作。

此外，它具備耐高溫、容易清潔保養、使用壽命長的特點。唯一需要注意的是，不鏽鋼製品容易在塑膠製容器上留下刮痕，建議搭配不易刮傷的容器，如不鏽鋼容器、玻璃容器等。

手動攪拌器的尺寸大小不同，建議選擇硬度高的、網球比較密的手動攪拌器。

建議購買時留心適合個人手掌大小與手部提重力，如果手動攪拌器對自己的體型來說太大、太重，在操作上就會增加難度，反而會影響操作。

4. 刮刀／刮板／抹刀

用途：糕點與麵包製作，攪拌食材，清潔，分割麵糊與麵團。

● **矽膠材質的刮刀**：使用的地方很多，針對不同的製作份量與操作用途，建議準備至少大小兩隻刮刀。選購刮刀時，注意矽膠刀面部份，應該要有一定的彈性而不至於過軟，在翻拌與切拌麵糊的操作上，實用性較高。

● **刮板**：有平口與鋸齒設計，有硬質與軟質的，有矽膠、塑膠、金屬材質的，針對不同用途，選擇適合自己需要的。

● **抹刀**：又稱為蛋糕抹刀。可作為糕點製作上塗抹、刮平之用。抹刀的刀身都是不鏽鋼金屬製的，刀身較長的，略帶彈性，適用於蛋糕裝飾，抹勻麵糊與大份量的內餡。刀身較短的，適合小型的糕點、派點。抹刀的把手設計，針對用途分為直柄與曲柄兩種。建議選擇因應需要，容易保養清潔，適合拿握且利於施力的抹刀。

5. 網架

用途：糕點與麵包散熱冷卻用。

網架是個很簡單，也很重要的工具。不論是蛋糕、點心、餅乾，都需要在烘焙完畢後，脫模後在網架上靜置冷卻。

網狀的設計，可以讓空氣流通，糕點能夠乾燥透氣。採購時，可以檢視網架的材質是否能耐高溫與表面有無防沾塗層。如果經常烘焙小餅乾與小型派塔，建議選擇網口與孔隙設計小的網架，比較適用。

6. 烘焙紙／烘焙墊／烘焙布

用途：搭配烤模與烤盤使用。防沾黏，減少烘焙糕點不必要的油脂，讓蛋糕餅乾保持較好的色澤。烘焙紙，也可作為包裝紙用。

取代在烤模與烤盤上抹油灑粉，使用烘焙紙或烘焙墊是很好的選擇。

烘焙紙是拋棄式的，使用後就丟棄。玻璃纖維材質與矽膠材質的烘焙墊與烘焙布，清潔方便，可以重複使用，比較合乎環境保育。

使用矽膠墊或是烘焙布，要避免與尖利的金屬器具直接接觸，每次使用過後，應該確實清潔後，用捲起或是攤平方式收納。折疊方式會損壞矽膠墊。

無論是矽膠或是玻璃纖維質地製品，選擇時都以導熱功能好，可直接在烤箱內使用，能夠承受至少 220°C 高溫的產品為佳。

7. 擀麵棍

用途：糕點、餅乾、派塔、酥皮製作。

針對不同糕點，應該準備兩種不同的擀麵棍。一種是直徑較大、較有重量的擀麵棍，適合需要碾壓、高度延展用的糕點麵包。另外一種則是直徑較小、短而輕的小型擀麵棍，適合製作餅乾、司康、塔派皮等。

矽膠製滾筒式擀麵棍，讓餅乾派點麵團擁有極佳的表面平滑感，個人非常喜歡。

8. 刨絲刀／榨汁器

刨絲刀用途：柑橘、檸檬、巧克力、乾乳酪刨絲或刨屑。

榨汁器用途：鮮榨果汁。

新鮮柑橘與檸檬的皮屑，以及各種新鮮果汁，常在糕點製作中被當作天然的香料來使用。

刨絲刀有兩種，一種類似銼刀設計，有魚鱗狀的鋸齒設計刀口，可以用在銼檸檬皮屑上。另外一種是用於刨絲，可以很容易地刮下檸檬與柑橘的外皮層使用。

榨汁器，就是一般我們所熟悉，很容易找到的榨汁器，作為鮮榨檸檬與柑橘類水果用。

9. 花嘴與擠花袋

用途：使用於分裝麵糊，分裝餡料，擠花餅乾，泡芙製作，蛋糕裝飾。

花嘴的口徑大小與形狀不一，經常使用的，多半只有其中幾個。

過去可以買到的擠花袋，多屬於塑膠布質的擠花袋，每次用完，在清洗時特別煩惱，因為裝過奶油麵糊或鮮奶油的塑膠布質擠花袋，不能使用熱水清洗，常常花費很長的時間做清潔工作。

現在市面上，很容易找到拋棄式的 PVC 擠花袋。針對特定用途，可以自由選擇不同的容積大小，適合不同食材材料，擁有不同硬度的拋棄式擠花袋；比較過去，不僅提高方便性，而且也衛生許多。

大部份的 PVC 擠花袋，不耐高溫，不適用於硬質的食材材料與濃稠度高的麵糊。在採購與使用前，應該先確認，避免在製作中因破袋造成困擾。

10. 電動攪拌機

用途：攪拌麵糊，攪拌麵團，打發蛋白、雞蛋、奶油、鮮奶油……等。

針對家庭烘焙的份量，一般手提式的電動攪拌機，無論品牌與功能，都應該足以勝任。

手提式的電動攪拌機的體積比較小，所佔空間不大，收納方便。唯一的缺點是，當所製作的糕點攪拌時間比較長時，手提的重量，有時候的確會讓人感到有一點辛苦。

備有彎勾攪拌棒與球形攪拌棒兩種配件，除了攪拌麵包麵團、某些派塔皮與酥頂之外，多半是使用球形攪拌棒。

各家廠牌的產品，功率、功能與特性都有不同；建議依據個人實質使用心得與操作體驗，做最適當的調整。個人認為：只要是使用自己順手的工具，就是好工具。

○ ○ ○ ○ **寶盒** ○ ○ ○

—

繞點路，走得慢
都沒有關係

只要方向對了
一定會到達目的地

PART

1

○　○　○

家 庭 幸 福 日 常

奶 油 蛋 糕

○

法國椰棗葡萄乾果子蛋糕
浸淋杏桃醬加君度橙酒

Quatre-guarts a la poire et aux dates

起源於蘇格蘭的果子蛋糕：
乾果，果醬與君度橙酒綜合出演，多層次滋味，驚喜豐富。

材料 *Ingredients*

製作 4 個長形蛋糕
烤模 128×66×40mm

食材	份量	備註
● 蛋糕體		
低筋麵粉	200g	-
泡打粉	5g	-
無鹽奶油	150g	柔軟狀態
蜂蜜	1 大匙	-
糖粉	150g	-
雞蛋	3 個	中號雞蛋，帶殼重量約 60g，室溫
蛋黃	1 個	-
希臘優格	55g	室溫。可替換原味優格，或是酸奶油（Sour cream），因原味優格水分含量較高，烘焙時間略長，完成的蛋糕體積略小
椰棗_去核淨重	100g	切絲。可用加州黑李、半乾燥的無花果……替代
白葡萄乾	50g	可用葡萄乾、蔓越莓乾、杏桃乾等果乾……替代
蘭姆酒	50ml	-
● 淋醬與裝飾		-
淺色果醬	3 大匙	橘子果醬、杏桃果醬
君度橙酒	1 大匙	法文：Cointreau，甜味酒。可用蘭姆酒替代
糖漬櫻桃	6 粒	-
開心果粒	1 小匙	-
珍珠糖	適量	-

希臘優格

烤模 *Bakewares*

長形水果條烤模 ....128×66×40mm　4 個　（食譜示範）
長形水果條烤模 ......210×87×55mm　2 個
長形水果條烤模 ....200×90×90mm　1 個

製作步驟大綱 *Outline*

打發奶油 》加入蜂蜜 》分次加入糖粉 》加入雞蛋蛋汁 》
加入優格 》拌入浸漬的乾果 》加入過篩的乾
粉 》入模 》烘焙
烘焙完畢 》脫模 》淋漬 》裝飾 》完成

製作準備 *Preparations*

摘要	説明		備註
烤箱	預熱溫度 160°C，上下溫		預熱時間 20 分鐘前
烤模	烤模抹油灑粉（奶油要薄而均勻，篩上麵粉後，多餘麵粉要倒出來）。		備用
乾粉類	麵粉與泡打粉先仔細混合，再過篩。		備用
雞蛋與蛋黃	打散。		備用
乾果浸漬	將切成細絲的椰棗、白葡萄乾在 50ml 蘭姆酒中浸漬 1 個小時。		如果使用清水浸漬乾果，浸漬時間過長，會影響乾果外型

製作步驟 *Directions*

| 法國椰棗葡萄乾果子蛋糕 |

01. 無鹽奶油先以電動攪拌機低速略微打發。約半分鐘到 1 分鐘。

02. 在奶油中加入蜂蜜，再分多次加入糖粉，用電動攪拌機低速打發，直到糖粒融化。整個過程約是 3 ～ 4 分鐘。

   Remark：建議採用糖粉來製作，可以減低打發步驟上的困難，蛋糕的質地會比較細緻。

03. 分 3 ～ 4 次，加入蛋汁。每次加入，都要確實打發，整個過程約 4 分鐘。中間要記得刮盆。

04. 加入希臘優格，用手動攪拌器拌勻。

05. 將浸漬好的乾果連同蘭姆酒拌入蛋糕糊中。可以用刮刀翻拌入蛋糕糊中。

06. 分多次，加入過篩好的乾粉，用手動攪拌器切拌。

07. 將完成的蛋糕麵糊填入烤模中，以七分滿為佳，不要超過八分滿。

烘焙與脱模 *Baking & More*

摘要	説明	備註
烤箱位置	中層	使用網架。
烘焙溫度	160℃，上下溫	一個溫度到完成。
烘焙時間	45～50 分鐘	直到竹籤試驗，插入蛋糕中央，完全沒有沾黏，才是完成的。
脱模時間	出爐後，讓烤模側躺，10 分鐘後脱模。	如果使用非長形烤模，靜置於網架上就可。
脱模後處理方式	準備淋醬，在蛋糕仍然溫熱時，刷上淋醬。	-
補充	可以在入爐 10 分鐘後，用尖利的小刀，在蛋糕中央劃出開口。	烤箱溫度不穩定的話，請不要做這個動作，讓蛋糕自然開裂就好。

裝飾 *Decorations*

01. 蛋糕還是溫熱時，將杏桃果醬放進微波爐，以低功率加熱約 20 秒，再加入君度橙酒拌勻後，用矽膠刷仔細地將果醬和酒汁刷在蛋糕上方和四周。上下左右來回刷兩次，蛋糕上方直接受熱，會比較乾燥，可以多刷幾次，直到所有淋醬使用完。

02. 等蛋糕完全冷卻，可以灑上裝飾點綴用的糖漬櫻桃、開心果粒和珍珠糖，即完成。

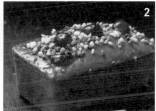

🍽 享用 *Enjoying*

● 這是一個屬於室溫享受的蛋糕。隔日享用，在口感上會更滋潤。

● 如果因為氣候關係，需要放入冰箱冷藏，只要在食用前 30 分鐘取出，留在室溫中回溫，就可以了。

🍽 保鮮 *Storage*

● 蛋糕放在加蓋的容器中，是必要的，記得留下小通氣孔。

● 在冬天，蛋糕可以在室溫保存約 10 天。在夏天，室溫 25℃ 以下、乾燥環境，可以保存 5 天左右。

● 如果想當作伴手禮，可以先仔細密封後冷凍，食用前，留在室溫中回溫，便能享用到美味蛋糕。

📝 寶盒筆記 *Notes*

椰棗要稍微切細，可以避免烘焙中下沉，聚集在蛋糕底部的現象。

蘭姆酒在這個蛋糕中具有香料功能。不喜歡酒精的話，可以用水來取代。另外在蛋糕中，再加入 1 大匙的香草糖，或是 1 小匙的香草精。

刷果醬的動作，一定要在蛋糕溫熱時操作，比較容易吸收果醬的果香。

如果家裡有小朋友和用藥中的老人家，淋醬部份可以清水替換君度橙酒。

果醬經過溫熱，才會比較容易刷上蛋糕。

糖酥核桃蛋糕
淋咖啡糖霜

Walnusskuchen

讓核桃與奶油所營造的經典香氣，
永遠成為下午茶時光的最想念。

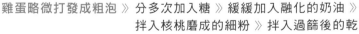

材料 *Ingredients*

製作 2 個長形蛋糕
烤模 175×84×60mm

食材	份量	備註
● 蛋糕體		
低筋麵粉	50g	-
玉米粉	35g	英文：Corn Starch
鹽	1 小撮	-
泡打粉	5g	-
無鹽奶油	65g	隔水加熱，融化奶油成液態。使用時，溫度不可超過 40°C
雞蛋	4 個	中號雞蛋，帶殼重量約 60g，室溫
細砂糖	80g	-
香草糖	1 大匙	可以用 1 小匙香草醬或香草精代替，半枝新鮮香草莢更好
核桃磨成的細粉	80g	可以用杏仁、榛果磨成的細粉取代，成為杏仁蛋糕、榛果蛋糕 **Remark**：可以依照自己的喜好，調整堅果的種類
● 酒糖液－請不要省略		
清水	40ml	-
蔗糖	2 大匙	-
咖啡利口酒 Coffee Liquor	20ml	也可以用其他堅果類的甜酒，例如 Amaretto 杏仁甜酒
● 糖酥核桃－可省略		
核桃粒	50g	-
糖粉	2 大匙	-
● 咖啡糖霜與原味糖霜－可省略		
糖粉	100g	-
清水	適量	-
咖啡利口酒 Coffee Liquor	1～2 小匙	也可使用咖啡，或是，其他堅果類的甜酒

烤模 *Bakewares*

長形水果條烤模 ....175×84×60mm　　2 個　（食譜示範）

製作步驟大綱 *Outline*

雞蛋略微打發成粗泡 》 分多次加入糖 》 緩緩加入融化的奶油 》 拌入核桃磨成的細粉 》 拌入過篩後的乾粉 》 填入烤模 》 烘焙

烘焙完畢 》 脫模後，立即刷上酒糖液 》 蛋糕包上保鮮膜 》 冷藏或是冷凍至少隔夜 》 淋上咖啡與原味糖霜（可省略）》 加上糖酥核桃（可省略）》 完成

製作準備 *Preparations*

摘要	説明		備註
烤箱	預熱溫度 170°C，上下溫		預熱時間 20 分鐘前
烤模	抹油灑粉，或是鋪烤紙。		備用
乾粉類	低筋麵粉、玉米粉、鹽、泡打粉，先仔細混合，再過篩。		備用
無鹽奶油	切小塊。以隔水加熱方式製作液態奶油。也可用微波爐 50% 低功率加熱融化。奶油成液態就可以，避免過度加熱。		等奶油略微冷卻後才能使用。融化奶油的溫度不要高於 40°C

製作步驟 *Directions*

｜蛋糕體｜

01. 將全部雞蛋置於大容器中，使用電動攪拌機，低速攪拌，直到看到粗泡。

02. 電動攪拌機調整為中速，將細砂糖與香草糖分多次加入。

　　Remark：這是重要步驟，加入糖的速度一定要慢，全蛋打發的蓬鬆度，才會達到理想狀態。不建議將糖一次倒入。

03. 完成的蛋糖糊呈濃稠狀，糖已經完全融化，體積會變得比原來大兩倍左右，色澤呈現淡黃色，拉起攪拌棒時，可以看到滴落蛋糊有滑順的折紋。

04. 加入融化的液態奶油。以手動方式，攪拌入蛋糖糊中，最好是邊倒入、邊畫圈。乳化完成的麵糊，有著滑順質地，並且呈現很好的亮度。

05. 以手動方式拌入核桃磨成的細粉，建議分兩次加入。

　　Remark：所使用的核桃細粉，要磨得越細越好，與麵糊的結合度才會好。核桃粉太粗，粒子太大、過重，都會在烘焙中沉底，蛋糕會因此出現上下層次。

06. 以手動方式，分 2 ～ 3 次拌入過篩好的乾粉。如果有烘焙經驗，可以使用橡皮刀；如果使用攪拌器，應該以切拌，從底部翻拌，讓乾粉混合入奶油糊。直到成為一個均勻混合的麵糊。

　　Remark：拌完乾粉後，奶油糊會略微消泡，體積約是原來的七成。這是正常現象。

07. 填入事先準備好、抹油灑粉的烤模中，填入的量約為七分滿。蛋糕食材中使用了泡打粉，在烘焙過程中，會向上膨脹，所以麵糊不可裝填過滿。完成後，把烤模在桌上震一震，讓麵糊平整，就可以入爐烘焙。

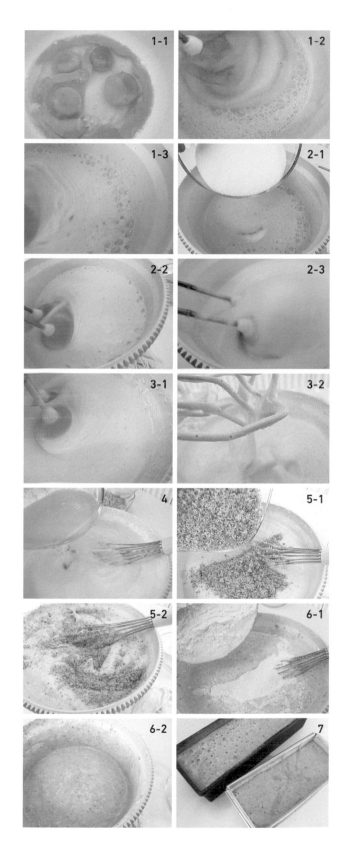

烘焙與脫模 *Baking & More*

摘要	說明	備註
烤箱位置	下層	使用薄烤盤。
烘焙溫度	170℃，上下溫	-
烘焙時間	40～45 分鐘	直到竹籤試驗，插入蛋糕中央，完全沒有沾黏，才是完成的。
蛋糕劃口	可以在入爐 20 分鐘後，用尖利的小刀，在蛋糕中央劃出開口。	烤箱溫度不穩定的話，請不要做這個動作，讓蛋糕自然開裂就好。示範的蛋糕，沒有做這個步驟。
蓋鋁箔紙隔熱	烘焙結束前 15 分鐘，可以考慮在蛋糕上方蓋鋁箔紙隔熱。	示範的蛋糕沒有做這個動作。
脫模時間	出爐後，讓烤模側躺，10 分鐘後脫模。	如使用非長形烤模，靜置於網架上就可。
脫模後處理方式	置於網架上，等約 10 分鐘，再刷上準備好的酒糖液。	-

| 酒糖液 |

08. 取一只小鍋，加入清水。

09. 加入蔗糖，用小火熬煮到沸騰，糖粒完全融化，就可以離火。

10. 離火後，倒入咖啡利口酒，搖晃小鍋，混合均勻即完成。

> **Remark**：製作酒糖液的酒，一定要在糖完全於清水中溶解，且容器離火後加入。加入時間太早，酒在熬煮過程中會揮發掉。

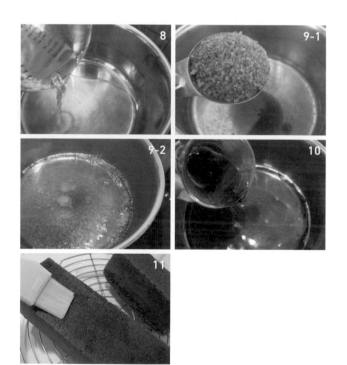

| 蛋糕體刷酒糖液 |

11. 使用小刷子，在剛剛脫模且還有熱度的蛋糕上，小心刷上酒糖液。每一個面都要仔細刷到，蛋糕的上方因為直接受熱，會比較乾燥，建議重複刷，直到酒糖液完全用完。

> **Remark**：蛋糕還熱的時候，非常柔軟，在操作上要謹慎，蛋糕才不會斷裂。

12. 刷完酒糖液的蛋糕，可以用保鮮膜包起來後，放入冰箱冷藏，或是放置於乾燥陰涼地方，給予蛋糕熟成時間。建議最好靜置 24 小時，至少要隔夜。

Notes

酒糖液製作，應該配合蛋糕出爐的時間。在蛋糕脫模後 10 分鐘，當蛋糕還有餘溫，就要刷上酒糖液，蛋糕才會完整地吸收酒糖液的香氣，讓蛋糕擁有最好的潤澤度。

裝飾 *Decorations*

| 糖酥核桃 |

01. 準備一只乾鍋，加入核桃粒。

02. 爐火開中小火，在乾鍋中乾炒核桃粒，直到
逼出核桃的香氣，略帶淡褐色。

03. 分兩次加入糖粉翻炒。糖遇熱會融化，成為
焦糖狀，第一次糖粉融化後，就加入第二次
糖粉，便可以讓糖粉黏附在核桃上。

　　Remark：建議使用糖粉。

04. 完成後，小鍋要離火。完成的糖酥核桃上裹
覆著糖粉。

| 糖霜 |

05. 咖啡糖霜：在 2/3 的糖粉中，加入 1 小匙的
咖啡利口酒，用小湯匙攪拌，如果太濃稠，
需要加入咖啡利口酒時，要以非常小的份量
加入，攪拌後，看濃度，再決定是否要繼續
加入液體。直到成為濃稠的糖霜。

　　Remark：糖霜太濃稠，不會流動。糖霜太稀，
流動過快，則無法留在蛋糕上。

06. 原味糖霜：在 1/3 的糖粉中，加入 1/2 小匙
的清水，用小湯匙攪拌，直到成為濃稠的糖
霜。要注意加入的液體份量，以免糖霜過稀。

　　Remark：如果糖霜過稀時，只能再加入糖粉來
調整。

| 糖酥核桃蛋糕裝飾組合 |

07. 冷卻熟成的核桃蛋糕，底部朝上。在核桃蛋
糕上，先淋上咖啡糖霜，再交錯淋上原味糖
霜，就會呈現花式的糖霜紋路。

08. 蛋糕頂部，放上糖酥核桃裝飾。

　　Remark：食譜中，製作完成的糖酥核桃的份量
會比需要來得多，它是非常非常好吃的小零嘴，
記得裝罐保存，防止潮氣。

享用 *Enjoying*

● 糖酥核桃蛋糕是一個室溫蛋糕,適合室溫享受。

● 因為氣候關係,蛋糕可放入冰箱冷藏,只要在食用前 30 分鐘取出,留在室溫中回溫即可。

 ## 保鮮 *Storage*

● 蛋糕放在加蓋的容器中,是必要的,記得留下小通氣孔。

● 在冬天,蛋糕可以在室溫保存約 3 天。在夏天,室溫 25°C 以下、乾燥環境,可以保存 2 天左右。

● 作為伴手禮,可以先仔細密封後冷凍,食用前,留在室溫中回溫,就可以享受。

● 為蛋糕淋上咖啡糖霜,能延長蛋糕的保存期限 2 ～ 3 天。

 ## 寶盒筆記 *Notes*

糖酥核桃蛋糕的製作重點有兩個:
1)全蛋打發,入糖的次數和速度。
2)拌入核桃粉和乾粉的手法。

所使用的「核桃磨成的細粉」是整顆核桃磨的,所以,完成的糖酥核桃蛋糕色澤比較深。

核桃細粉的粒子粗細與大小會影響完成的蛋糕成品的質地,過大容易沉底,造成完成的蛋糕有分離層次。

可以使用杏仁粉,或是榛果粉來製作。我曾經使用脫皮杏仁粉來製作,乳脂般的色澤非常美,味道也很讓人喜歡。當然,使用杏仁的話,就是杏仁蛋糕了。

注意酒糖液準備的時間。蛋糕脫模後,建議等 10 分鐘,立刻刷上酒糖液,蛋糕在有熱度的時候,吸收得最好。

製作酒糖液的酒,一定要在糖完全於清水中溶解,且容器離火後加入。加入時間太早,酒在熬煮中會揮發掉。

酒糖液部份,如果家裡有小朋友,以及正在用藥的老人家,可以清水取代。

淺談
奶油蛋糕

食材篇

01. 新鮮好食材＝真正好味道。

02. 使用標準度量衡計量工具。所有食材應該經過確實、正確、仔細的測量與衡量。

03. 製作蛋糕多半使用低筋麵粉。低筋麵粉的蛋白質含量低、灰分質低、筋度低，可以帶給蛋糕鬆軟的口感。中筋麵粉的筋度、韌性與延展性比低筋麵粉好，適合用來製作略具彈性、擁有明顯咀嚼口感的蛋糕。

04. 麵粉與其他乾粉都要過篩。麵粉在運送、販售過程時，都是袋裝狀態，會經過擠壓。過篩動作可以避免結塊麵粉出現在糕點中，最重要的是讓麵粉再次包住空氣，在加入雞蛋奶油糊中，更容易融合。特別是食材中有膨鬆劑，譬如泡打粉與烘焙用蘇打粉時，過篩的動作，可以讓膨鬆劑均勻混合在麵粉中。

05. 烘焙糕點，用的是無鹽奶油。含有鹽份的奶油，不僅增加生活中不必要的鹽量攝取，最重要的是，鹽會影響糕點的味道。另外，鹽份的鹹味會減低味覺與嗅覺的敏感度，會影響對過期與氧化的奶油新鮮度的辨識力。當食譜指定使用室溫奶油時，奶油應該在開始製作的 30～60 分鐘前，從冰箱中取出回溫，實際時間依照環境溫度決定。奶油柔軟的程度，應該是手指壓下時會留下指印，或是可以折彎的柔軟度。

06. 可使用乳瑪琳（Margarine）取代無鹽奶油製作蛋糕。不過，除了健康考量之外，無可取代的是，奶油獨有的特優天然香氣。

07. 留心食譜中對食材溫度的要求。特別是食材中的奶油、雞蛋、乳酪、鮮奶油……等食材的溫度。

08. 烘烤蛋糕時所用的糖，其份量與種類會直接影響蛋糕的質地與成色。蜂蜜與楓糖所含的水分比糖高，會影響蛋糕乾濕的比例。蜂蜜經過高溫時，蜂蜜中的酶會被破壞，也會產生苦澀的餘味。蜂蜜與楓糖不能全部取代食譜中指定糖的份量與種類。

09. 製作蛋糕時，粗糖會延長打發的時間。如果使用二砂糖（蔗糖）、黑糖、紅糖、蜂蜜……等，會讓蛋糕上色的速度比較快，完成的蛋糕色澤會比較深，味道也因為所用的糖的種類而有差異。

10. 蛋糕的豐富香氣來自於基本食材中的奶油與雞蛋。除此之外，可以使用各種香草、天然提煉的香精、各種香料、巧克力、可可粉、咖啡、果汁、鮮奶、甜酒、開胃酒、烈酒、新鮮水果、檸檬與柑橘的皮屑、布丁粉、抹茶粉、茶葉、蛋黃、蜂蜜與楓糖、各種堅果、各種乾果、或是以少量的堅果磨成的細粉取代麵粉的方式…… 增加糕點的風味。

11. 玉米粉（Corn starch），具有無麩質（沒有所謂的麵筋）的特點，可以降低蛋糕的筋度。玉米粉與其他蛋糕食材混合時，如糖，可以抑制麩質的形成，讓蛋糕更為鬆軟。可以用玉米粉替換約 10～12% 的麵粉，但不能完全替換麵粉。例如食譜中指定使用 100g 麵粉，可以用 90g 麵粉＋10g 玉米粉的組合來取代。

天天磅蛋糕

Pound Cake Perfection

擁抱完整甜蜜，天天都可以。

材料 Ingredients

製作 2 個 T 形蛋糕
烤模 185×115×65mm

食材	份量	備註
● 蛋糕體		
低筋麵粉	180g	-
鹽	刀尖量	-
泡打粉	3/4 小匙	重量約為 3.5g
細砂糖	225g	-
無鹽奶油	160g	柔軟狀態
液態植物油	40g	例如：葵花油、大豆油、玉米油
雞蛋	3 個	室溫，雞蛋帶殼重量約 60g
蛋黃	2 個	室溫，雞蛋帶殼重量約 60g
香草糖	1 大匙	可以用 1 小匙香草精取代
鮮奶	50ml	室溫

備註：在油脂部份，天天磅蛋糕也可以全部用奶油來製作。選擇液態植物油時，建議避免使用椰子油、橄欖油、花生油等氣味比較濃郁的油脂，會影響蛋糕的好味道。

烤模 Bakewares

T 形水果條長形烤模 ......185×115×65mm　　2 個　（食譜示範）

製作步驟大綱 Outline

攪拌過篩的乾粉與糖 》加入奶油 》加入一半的鮮奶 》加入液態
　　　　　植物油 》分多次加入雞蛋鮮奶 》入模 》
　　　　　烘焙
烘焙完畢 》脫模 》灑糖粉（可省略）》完成

製作準備 *Preparations*

摘要	説明		備註
烤箱	預熱溫度 175°C，上下溫		預熱時間 20 分鐘前
烤模	抹油灑粉，或是鋪烘焙紙。在烤模上抹奶油時，建議使用小矽膠刷，刷上薄薄的一層。灑麵粉後，多餘的麵粉要倒出來。		備用
乾粉類	低筋麵粉、鹽、泡打粉先仔細混合，再過篩。		備用
濕性食材	在雞蛋與蛋黃中，加入一半的鮮奶。再加入香草糖，混合打散。		備用

製作步驟 *Directions*

｜天天磅蛋糕｜

01. 在過篩的乾粉中，加入所有的砂糖。

02. 使用電動攪拌機，開低速，混合攪拌乾粉與糖。

03. 加入奶油在乾粉與糖中，略微低速攪拌。

04. 接著加入剩下一半的鮮奶。

05. 再加入液態植物油。

06. 所有食材以低速攪拌。

07. 攪拌直到粉油呈現蓬鬆狀態，不見糖粒，色澤轉為淡色。這時的體積較大。

08. 分多次加入混和好的雞蛋鮮奶（示範分了三次），每次加入，都必須攪拌到完全不見蛋汁後，才再次加入雞蛋鮮奶。

09. 完成攪拌後的麵糊有著淡淡的色澤，質地滑順而厚稠，不會流動。

10. 將麵糊均分為兩份，填入事先準備好、抹油灑粉的烤模中。填入麵糊後，先在桌上震一震，讓麵糊平整，防止麵糊中因空氣而造成的孔洞。再用小湯匙背面抹平麵糊上方。

11. 完成後，進爐烘焙。

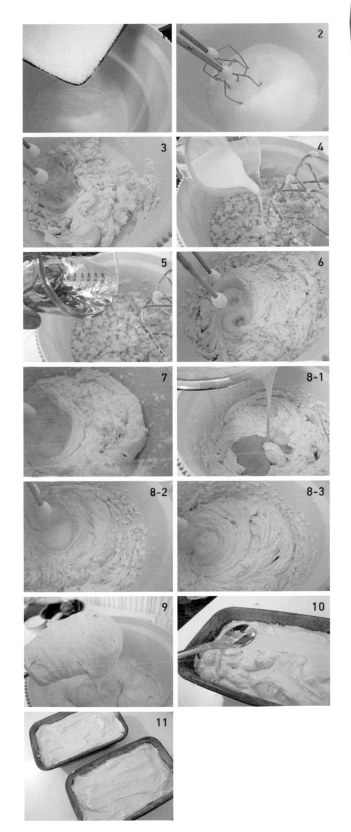

烘焙與脫模 *Baking & More*

摘要	說明	備註
烤箱位置	中層，中央	使用網架，或是薄烤盤。
烘焙溫度	175°C ，上下溫	-
烘焙時間	55 分鐘	直到竹籤試驗，插入蛋糕中央，完全沒有沾黏，才是完成的。
蛋糕割口	不需要	蛋糕會有自然的裂口，可以不必劃刀。
轉向與蓋鋁箔紙隔熱	烘焙 30 分鐘後，可以考慮轉向，並在蛋糕上方蓋鋁箔紙隔熱。	示範的蛋糕在烘焙結束前 10 分鐘有轉向，沒有蓋鋁箔紙。
脫模時間	出爐後，讓烤模側躺，10 分鐘後脫模。	如果使用非長形烤模，靜置於網架上即可。
脫模後處理方式	靜置在網架上，直到完全冷卻，再收納在容器中。蛋糕完全冷卻後，灑上防潮的糖粉裝飾（糖粉為食譜份量外）。	原受熱面（上方）朝下放置，底部（烤模底）朝上，這樣底部才不會留下網架的壓痕（完成的蛋糕是底部朝上呈現的）。

 ## 享用 *Enjoying*

- 這是一個屬於室溫享受的蛋糕。

- 天天磅蛋糕的最佳賞味時間是在蛋糕完成的 48 小時之後。十足的奶油香氣，融合了美味的香草糖，加入的植物油與鮮奶，增加蛋糕的滋潤度，非常宜人。

- 若因氣候考量，需要放入冰箱冷藏，建議在食用前 30 分鐘取出，留在室溫中回溫。

 ## 保鮮 *Storage*

- 蛋糕放在加蓋的容器中，是必要的，記得留下小通氣孔。

- 在冬天，蛋糕可以在室溫保存約 4 ～ 5 天。在夏天，室溫 25°C 以下、乾燥環境，可以保存 2 ～ 3 天左右。

- 如果想當作伴手禮，可以先仔細密封後冷凍，食用前，留在室溫中回溫，就可以享受。

 ## 寶盒筆記 *Notes*

粉油法 Reverse-Creaming Method
（又稱為 High Ratio Mixing Method）

粉油法的製作方式，是將奶油加入過篩好的麵粉與糖之中攪拌，奶油在經過攪拌後，包住麵粉的小粒子。之後再加入液態食材時，如雞蛋與鮮奶，水分能夠被乾粉完全吸收，完成乳化。

粉油法的操作方式，並沒有所謂的攪拌過度而麵粉出筋的問題，可以讓蛋糕保持很好的口感。

粉油法適合的食譜，糖的量多於麵粉量，或是，糖的量等於麵粉量。

在蛋糕的質地上，採用粉油法時，奶油並沒有像糖油法的製作方式時經過打發，所以奶油中並沒有包入太多的空氣。因此，所完成的蛋糕在質地上，有著非常明顯的特徵：蛋糕的氣孔小，粒子比較緊密，細緻度較高。

因為蛋糕比較緊實，所以蛋糕的外觀上，相對地比較小一點，高度上略低。

無論是粉油法，或是糖油法，只是製作方式的不同，並沒有優劣之分，依據個人偏好的方式製作，都可以完成理想又好吃的磅蛋糕。

泡打粉的用途

油脂（奶油加上植物油）的比例比較高，所以建議一定要使用泡打粉來幫助麵糊膨脹，完成後的蛋糕體組織會比較鬆軟。泡打粉在糕點製作中的用途，不僅僅能為蛋糕增加蓬鬆度，也能帶給蛋糕更漂亮的組織與質地。

烤模的選擇

磅蛋糕的麵糊都會比較濃稠，在烘焙過程中麵糊會向外擴散，如果選用的烤模是寬口低淺的烤模，而非一般所用的長形水果條烤模，因受熱面積大，烘焙的時間會相對減短。也因為烤模的寬度關係，完成的蛋糕上方不會有明顯的裂口。

寶盒

每天，都為自己
留下一個美麗的畫面

無花果蛋糕

Feigenkuchen

讓經過 7 天糖漬的無花果，
為蛋糕帶來典雅中的最深。

材料 *Ingredients*

製作 1 個圓圈形蛋糕
烤模直徑 200mm ／中圈直徑 60mm

食材	份量	備註
● 蛋糕體		
低筋麵粉	90g	-
泡打粉	1 小匙	-
蛋白	3 個	中號雞蛋，帶殼重量約 60g
細砂糖	90g	-
無鹽奶油	40g	柔軟狀態
蛋黃	3 個	中號雞蛋，帶殼重量約 60g
糖漬無花果	150g	糖漬無花果做法詳見 P302。可以鮮果或是其他浸漬的乾果取代
● 裝飾－可省略		
杏桃果醬	約 3～4 大匙	也可用橘子、檸檬、柚子……等略帶酸味的淡色果醬。果醬使用前，先過篩，質地比較細密

烤模 *Bakewares*

圓圈形蛋糕烤模 ....直徑 200mm ／中圈直徑 60mm　　1 個　（食譜示範）

製作步驟大綱 *Outline*

蛋白打發 》 加糖打發成濕性蛋白霜
奶油打發 》 加入蛋黃 》 拌入 1/3 蛋白霜 》 拌入 1/3 乾粉 》 奶油
　　　　　蛋黃糊加入剩下的蛋白霜內 》 加入所有剩下的乾粉 》
　　　　　入模 》 抹平麵糊，震一震 》 無花果裝飾 》 烘焙
烘焙完畢 》 出爐後在網架上靜置 15 分鐘 》 脫模 》 抹上杏桃果醬
　　　　　（可省略）》 靜置於網架上，直到完全冷卻 》 完成

| 糕點類別⋯**輕奶油蛋糕／分蛋法** | 難易分類⋯★★☆☆☆ |

製作準備 *Preparations*

摘要	說明		備註
烤箱	預熱溫度 200°C，上下溫		預熱時間 20 分鐘前
烤模	抹油灑粉。		備用
乾粉類	低筋麵粉與泡打粉先混合後，再過篩。		備用
雞蛋	分蛋。		備用

製作步驟 *Directions*

┃製作蛋白霜┃

全程使用電動攪拌機。

01. 使用電動攪拌機，中速，將蛋白打發成粗泡狀。進行時間約半分鐘到 1 分鐘。

02. 分三次加入糖。以電動攪拌機高速操作。

03. 攪拌到糖粒完全融化。結束前，在攪拌中可以看見蛋白霜有明顯的環狀紋路。完成前，也要檢查容器底部，確定沒有流動的蛋白。

04. 完成的蛋白霜有著柔軟的下垂彎勾，還有濕潤度，帶珍珠光澤。

　　Remark：蛋白不宜打得過乾、過硬，會影響完成蛋糕的口感。

┃製作奶油蛋黃糊┃

05. 將柔軟的奶油以低速打發到略微蓬鬆的絨毛狀。

06. 分次加入蛋黃，每次只加一個。

07. 攪拌均勻後，才加入第二個。

08. 完成的奶油蛋黃糊。

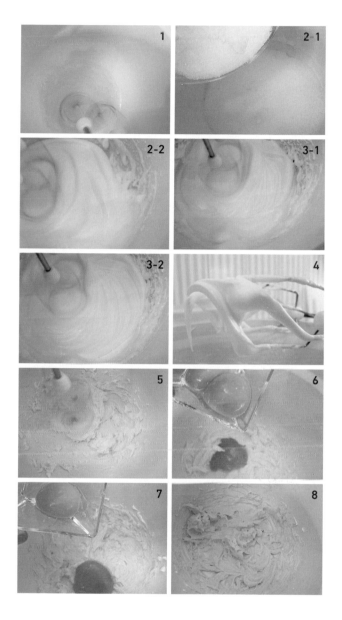

| 拌合與裝飾 |

09. 取約 1/3 的蛋白霜，加入奶油蛋黃糊中。以手動方式，使用刮刀略微翻拌。

10. 拌入約 1/3 過篩的乾粉。

11. 先使用畫「井」字的方式，再翻拌。

12. 不要過度地用力攪拌。這時候還看得到一點點蛋白與沒有拌開的麵粉，是沒有關係的。

13. 將全部的奶油蛋黃麵糊，加入剩下的蛋白霜中。略微從底部往上翻拌。

14. 加入剩下的乾粉。使用刮刀，以手動方式，從底部往上翻拌，直到成為一個均勻混合的麵糊。

　　Remark：用力攪拌，會造成蛋白霜消泡，也會導致麵粉出筋。

15. 填入事先準備好、抹油灑粉的烤模中。先用小湯匙抹平麵糊，完成後，記得將烤模放在檯面上震一震，讓麵糊平整。

16. 將糖漬無花果斜斜地切半，然後逐一放置在麵糊的上方。不要壓入麵糊裡，放上去就可以了。

　　Remark：無花果質地是濕潤的，使用前，要將多餘的糖水瀝乾。

17. 完成的蛋糕體，準備入爐烘焙。

烘焙與脱模 *Baking & More*

摘要	説明	備註
烤箱位置	中下層	底部使用烤盤。
烘焙溫度	**200°C**，上下溫	一個溫度到完成。
烘焙時間	總計約 **25 ～ 30 分鐘**	直到竹籤試驗，插入蛋糕中央，完全沒有沾黏，才是完成的。 **Remark**：使用實心模，烘焙時間較長。
蓋鋁箔紙隔熱	如果上色速度太快，可以在烘焙 20 分鐘時，蓋鋁箔紙隔熱。	示範的蛋糕沒有做這個動作。
脱模時間	出爐後，靜置於網架上，**15 分鐘**後脱模。	-
脱模後處理方式	趁溫熱時刷上杏桃果醬（可省略）。	果醬使用前，要先過篩，質地才細緻。

裝飾 *Decorations*

｜刷杏桃果醬｜

01. 先將杏桃果醬過篩。如果果醬過硬，可以在微波爐中略微加溫，再使用。

02. 使用刷子，在剛剛脫模且還有熱度的蛋糕上刷杏桃果醬。每一個面都要仔細刷到（底部不需要），蛋糕的上方因為直接受熱，會比較乾燥，建議重複刷，直到果醬完全用完。

03. 刷完杏桃果醬的蛋糕，等到完全冷卻後，就可以放入容器中保存。

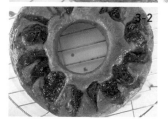

> ### *Notes*
>
> 在蛋糕脫模後，當蛋糕還有熱度時，就要刷上杏桃果醬，杏桃的香氣才能夠進入蛋糕，讓蛋糕擁有最好的潤澤度。
>
> 杏桃果醬，不僅能夠給予蛋糕特優的杏桃果香，果醬本身有隔離作用，可以延長蛋糕的美味口感，並保持蛋糕的滋潤度。

享用 *Enjoying*

● 無花果蛋糕是一個室溫蛋糕，適合室溫享受。

● 因為氣候關係，蛋糕可放入冰箱冷藏，只要在食用前 30 分鐘取出，留在室溫中回溫即可。

保鮮 *Storage*

● 蛋糕放在加蓋的容器中，是必要的，記得留下小通氣孔。

● 在冬天，蛋糕可以在室溫保存約 4～5 天。在夏天，室溫 25°C 以下、乾燥環境，可以保存 2 天左右。

● 如果刷上了果醬，可以延長 1～2 天的保存時間。

● 作為伴手禮，可以先仔細密封後冷凍，食用前，留在室溫中回溫，就可以享受。

寶盒筆記 *Notes*

乾燥無花果果乾，應該先經過熱水沖洗，確實瀝乾水分後，才糖漬。

製作糖漬無花果時，如果買來的無花果是半乾燥的果乾，就要減少糖漬中水分的份量。

無花果本身有很美味的甜度，糖漬過程中所應該加入糖的份量，可以依照自己的喜愛調整。

糖漬法中採用高濃度的糖漿，所加入的糖的比例高，可以延長糖漬食品的保存期限。

果乾的含水量決定了果乾的保存期限。半乾燥的果乾，保存期限較短，在手上還是能感受果子的濕潤度，果香較濃。使用在糕點製作中，不會吸取過多麵糊裡的水分，糕點可以保持理想的濕潤度。

經過長時間浸漬的無花果會變得很軟，也容易破裂。放到麵糊上方時，不要重壓，這樣在烘焙過程中才不會沉入麵糊中。

直接將沒有經過浸泡的果乾放在蛋糕上烘焙，高溫會讓果乾乾燥並變硬，甚至產生焦苦的味道。

藍莓奶酥蛋糕

Heidelbeerkuchen mit Streuseln

夏日林園仙子的禮物，
每一顆藍莓裡，都鎖住了夏日的陽光與美麗。

材料 Ingredients | 製作 1 個圓形蛋糕
 烤模直徑 150mm

食材	份量	備註
● 蛋糕體		
低筋麵粉	135g	-
泡打粉	3/4 小匙	重量約 3.5g
鹽	1 小撮	-
無鹽奶油	100g	柔軟狀態
細砂糖	90g	可用糖粉取代，糖粉甜度較低
雞蛋	2 個	中號雞蛋，帶殼重量約 60g
新鮮檸檬皮屑	半個檸檬	建議使用有機檸檬，使用前用熱水沖洗拭乾
白脫牛奶 Buttermilk	65ml	室溫，可用 65g 全脂原味優格取代
新鮮藍莓	150g	也可以用新鮮覆盆子、蔓越莓、去核櫻桃。不建議用冷凍莓果，會導致烘焙中出水過多，而影響蛋糕質地與口感
● 奶酥酥頂		
低筋麵粉	30g	-
細砂糖	15g	-
無鹽奶油	20g	冷藏溫度，直接從冰箱冷藏室取出使用
鹽	1 小撮	使用量非常少
● 裝飾－可省略		
糖粉	適量	-

烤模 Bakewares

圓形分離式烤模 ....直徑 150mm ／金屬製　　1 個　（食譜示範）

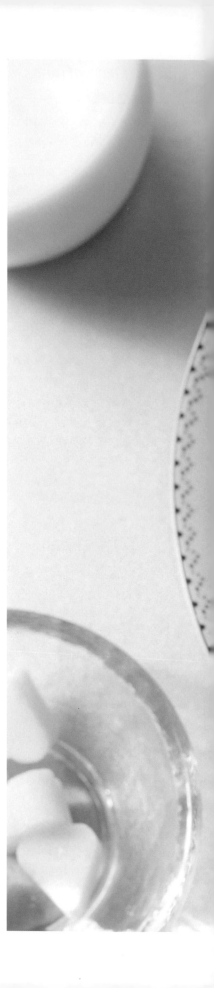

製作步驟大綱 *Outline*

奶油打發 》 分次加入糖 》 加入雞蛋 》 加入檸檬皮屑 》 交叉加入乾粉與白脫牛奶 》 入模 》 震一震 》 抹平
　　麵糊 》 製作奶酥
所有奶酥食材放在盆中 》 用叉子壓成粗砂狀 》 在蛋糕麵糊上鋪上新鮮藍莓 》 把奶酥灑在藍莓上 》 烘焙
烘焙完畢 》 出爐後在網架上靜置 15 分鐘 》 脫模 》 直到完全冷卻後，灑糖粉（可省略）》 完成

製作準備 *Preparations*

摘要	説明	備註
烤箱	預熱溫度 180°C，上下溫	預熱時間 20 分鐘前
烤模	底部鋪烘焙紙；蛋糕圓環上抹奶油灑麵粉。 **Remark**：奶油要薄而均勻，篩上麵粉後，多餘麵粉要倒出來。烤圈要確實抹油灑粉，才不會因為藍莓烘焙出水，而造成脫模困難。	備用
乾粉類	低筋麵粉、泡打粉與鹽先混合後，再過篩。	備用

製作步驟 *Directions*

｜蛋糕體｜

01. 使用電動攪拌機，低速，略微打發奶油。

02. 分3～4次加入糖，電動攪拌機調整為中速，慢慢打發成為體積蓬鬆、色澤較淡的奶油糖霜。打發完成的奶油糖霜，看不見糖粒。

03. 加入雞蛋，一次只加入一個，每次加入都要確實打發（過程中記得刮盆）。

04. 第一個雞蛋打發後的奶油霜狀態。

05. 加入第二個雞蛋，繼續打發。直到奶油霜的色澤轉淡，質地成蓬鬆狀。

06. 加入新鮮檸檬皮屑。

　　Remark：建議使用有機檸檬，使用前先用熱水沖洗拭乾。刮檸檬皮時，避免刮到皮質下層的白色帶苦味部份。

07. 加入約 1/3 的乾粉。

08. 加入後，改以手動方式操作。請使用橡皮刮刀，畫幾次「井」字，以切拌方式進行。

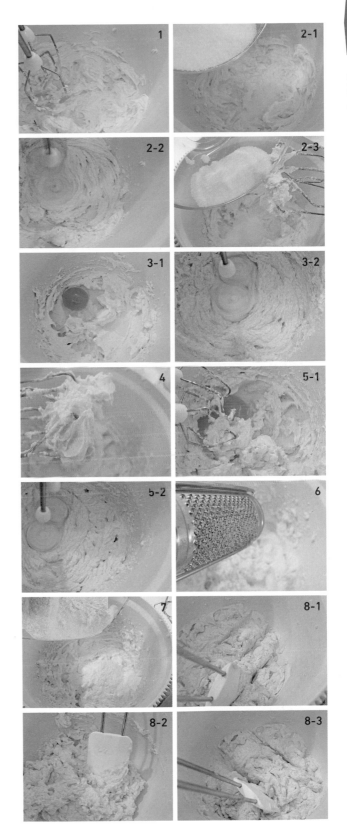

09. 再加入白脱牛奶，一樣以切拌方式混合。在目前階段，仍看得到散落的麵粉，不必拌得完全均勻。

10. 最後加入剩下 2/3 的乾粉。

11. 從外往裡、從底部往上壓拌。不要過度用力，也不要用攪拌的。直到成為完全均勻而光滑的麵糊。

　　Remark：完成時要記得檢查容器底部有沒有殘留的乾粉。

12. 將完成的麵糊填入已準備好的烤模中。先用小湯匙抹平表面，完成後，記得放在檯面上震一震。

| 奶酥酥頂與完成 |

13. 將所有製作奶酥的所需食材放入容器中，奶油最後放。

　　Remark：把無鹽奶油先切成薄片，一定要使用剛從冰箱冷藏室取出的。

14. 使用叉子慢慢壓合。

15. 直到油、糖、粉、鹽成粗砂狀，完成奶酥。

16. 將洗淨拭乾的藍莓鋪到蛋糕麵糊上，不要向下壓，放上就好。

17. 再將奶酥均勻地灑在藍莓上方，就可以入爐烘焙。

Notes

麵糊入模後，抹平麵糊的動作，為什麼是必要的？

麵糊如果高低不一，完成的糕點的外觀也會受影響。如果麵糊不平整，例如，填入麵糊的地方，比較高。完成的蛋糕也會一邊高，一邊低。

高低不一的麵糊，所需要的烘焙時間也會有差異，完成的成品容易有上色不均的現象。

計劃利用蛋糕做夾層、入餡與裝飾時，蛋糕體越是不平整，需要修除的部份就越多。也是一種時間與食材上的浪費。

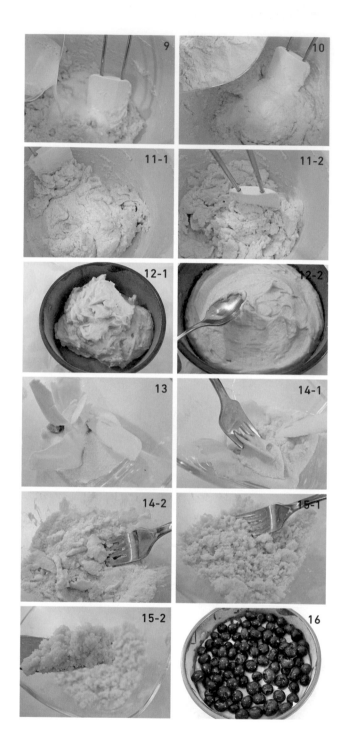

烘焙與脫模 *Baking & More*

摘要	説明	備註
烤箱位置	中下層	使用烤盤。
烘焙溫度	180°C，上下溫	一個溫度到完成。
烘焙時間	總計約 55 ～ 60 分鐘	直到竹籤試驗，插入蛋糕中央，完全沒有沾黏，才是完成的。
蛋糕劃口	不需要，因為蛋糕上有奶酥酥頂。	食材中的泡打粉會讓蛋糕自然開裂。
蓋鋁箔紙隔熱	如果上色過快，可以在烘焙時間到一半之後，在蛋糕上方蓋鋁箔紙隔熱。	為了蓋鋁箔紙隔熱而打開烤箱時，若操作時間過長，會降低烤箱內的溫度，影響成品。
脫模時間	出爐後，先靜置於網架上，15 分鐘後脫模，並除去底部烘焙紙。	脫模前，要用小刀沿烤圈劃一刀，避免因為在烘焙過程中，藍莓黏著烤圈，而脫模困難，造成蛋糕碎裂。
脫模後處理方式	必須等到完全冷卻，才能灑上糖粉。	-

等待脫模的藍莓奶酥蛋糕

享用 *Enjoying*

● 利用新鮮水果製作的蛋糕，建議在 2 天之內食用完畢。

● 藍莓奶酥蛋糕是個室溫蛋糕，不需要放入冰箱冷藏。烘焙完成後，稍等冷卻時，特別好吃。

● 隔日食用，蛋糕的滋潤度比較高。

● 如果居住在溫度與濕度比較高的地方，如亞洲，建議隔日一定放入冰箱冷藏，在食用前，置於室溫中回溫即可。

保鮮 *Storage*

● 蛋糕放在加蓋的容器中，是必要的，記得留下小通氣孔。

● 利用新鮮水果製作的蛋糕都應該趁著新鮮享用，不適合冷凍保存。

寶盒筆記 *Notes*

藍莓奶酥蛋糕，也可以使用其他的新鮮莓果製作，例如：覆盆子、蔓越莓、去核櫻桃等。

隔日食用時，蛋糕滋潤度更高。在新鮮藍莓周圍會見到暈開的藍莓色澤，是鮮果的水分。

烘焙完成後，會在蛋糕上方看到裂口，這是食材中的泡打粉發生作用緣故，屬於自然現象。如果蛋糕上方沒有裂口，或許因為烤模尺寸較大、蛋糕較扁平。另外，請檢查泡打粉的時效。

蛋糕經過靜置會稍微內縮。烘焙後，部份藍莓會黏住烤圈，所以烤模抹油灑粉的工作一定要確實做好，脫模前使用小刀沿烤圈邊劃一刀，就可以完整脫模。

蛋糕出爐後，一定要經過 15 分鐘靜置才脫模，過早脫模，會因為熱蛋糕的質地過軟，而造成失敗的成品。

出爐後，蛋糕不宜留在烤模中，直到完全冷卻。因為蛋糕的熱氣在烤模中無法散發開來，特別是蛋糕的底部無法散熱，會讓蛋糕質地因水分過高，而變得軟糊。

蛋糕入爐時的溫度非常非常重要，請一定要確實做好烤箱預熱和溫控動作。

一般家庭小烤箱的溫度稍微高，請依照自家烤箱特性調整。

蜜桃蛋糕

Plattpfirsichkuchen mit Mandelblaetter

蜜桃～ 蜜桃～ 蜜桃～
無盡都在蜜桃的鮮甜滋味裡

材料 *Ingredients* │ 製作 1 個圓形蛋糕
烤模直徑 240mm │

食材	份量	備註
● 蛋糕體		
低筋麵粉	225g	-
泡打粉	1/2 小匙	-
無鹽奶油	125g	柔軟狀態
細砂糖	150g	-
香草糖	1 大匙	可用 1 小匙香草精取代
雞蛋	2 個	大號雞蛋，帶殼重量約 70g
全脂鮮奶	125ml	室溫，請用標準量杯仔細衡量
新鮮蜜桃	600～650g	新鮮蜜桃之外，其他鮮果：蘋果、黑李、杏桃等，都可以
杏仁片	20g	可省略
● 裝飾－可省略		
糖粉	適量	-

烤模 *Bakewares*

圓形分離式蛋糕烤模......直徑 240mm　　1 個　（食譜示範）

製作步驟大綱 *Outline*

奶油打發 》分次加入糖 》加入雞蛋 》拌入乾粉 》交叉拌入鮮奶 》入模 》抹平麵糊 》蜜桃果肉朝上放在麵糊上 》灑上杏仁片（可省略）》烘焙

烘焙完畢 》出爐後在網架上靜置 **15** 分鐘 》脫模並除去底部烘焙紙 》靜置於網架上，直到完全冷卻 》灑上糖粉（可省略）》完成

製作準備 Preparations

摘要	説明		備註
烤箱	預熱溫度 180°C，上下溫		預熱時間 20 分鐘前
烤模	底部鋪烘焙紙；蛋糕圓環抹奶油灑麵粉。奶油要薄而均勻，篩上麵粉後，多餘麵粉倒出來。		備用
乾粉類	低筋麵粉與泡打粉先混合後，再過篩。		備用
糖	將香草糖加入細砂糖中。		備用
雞蛋	打散。		備用
蜜桃	洗淨。		備用

製作步驟 *Directions*

｜蜜桃蛋糕｜

01. 使用電動攪拌機，全程中低速操作。首先打發奶油成絨毛狀。

02. 分 3～4 次加入糖，慢慢打發成蓬鬆淡色的奶油糖霜。

03. 奶油糖霜完成後的質地。這時仍略微看得到糖粒，等到加入雞蛋打發時，糖粒就會慢慢融化。

04. 分多次，慢慢地加入打散的雞蛋。最好是邊打邊加入蛋汁，線狀慢慢倒入盆中（中間記得刮盆）。

Remark：接下來，交互加入乾粉與鮮奶的拌合方式，為重點步驟。
使用乾濕食材交互加入的要點在於，加入乾粉後，請注意不要用力攪拌麵糊，不要過度操作麵糊導致麵粉出筋，進而影響完成的糕點的質地與口感。

05. 先加入約 1/3 的乾粉。

06. 加入時，採手動方式操作。請使用刮刀，畫幾次「井」字，以切拌方式進行。

07. 再加入約一半的鮮奶，同樣以切拌的方式操作。在目前階段，仍看得到散落的麵粉，不必拌得完全均勻。

08. 加入剩下所有的乾粉，一樣用手動方式混合，畫幾次「井」字，切拌方式進行。之後，從外往裡、從底部往上略微壓拌，讓乾粉與奶油蛋糕結合。

09. 最後加入所有剩下的鮮奶。從外往裡、從底部往上壓拌。不要太用力，也不要用攪拌的。直到成為完全均勻的蛋麵糊。

Remark：要記得檢查容器底部有沒有殘留的乾粉。

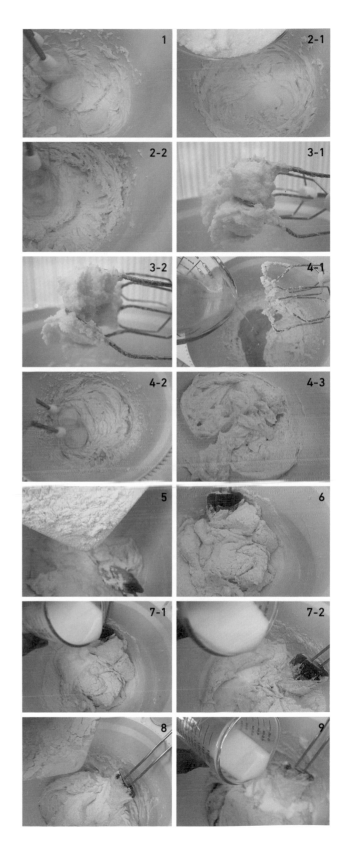

10. 將完成的麵糊填入準備好的烤模中。

11. 先用小湯匙抹平表面，完成後，放在檯面上震一震。

12. 將洗淨且拭乾的蜜桃去核（不必去果皮），等切為 4 塊。

13. 將蜜桃放在麵糊上方，果皮面朝下，輕輕放在麵糊上就好，不必壓。

    Remark：蜜桃與蜜桃間，應該留下間距。特別注意蜜桃不要緊貼烤模，之間應該有麵糊，才不會造成烘焙後脫模困難。

14. 最後灑上杏仁片，就可以進爐烘焙。

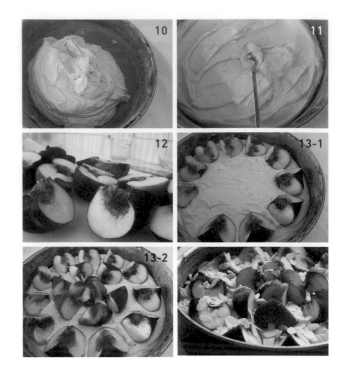

烘焙與脫模 *Baking & More*

摘要	說明	備註
烤箱位置	中下層，正中央	烤模放在烤盤上。
烘焙溫度	**180°C**，上下溫	一個溫度到完成。
烘焙時間	總計約 **60 ～ 65** 分鐘	直到竹籤試驗，插入蛋糕中央，完全沒有沾黏，才是完成的。
蓋鋁箔紙隔熱	烘焙 **30** 分鐘時，在蛋糕上方蓋鋁箔紙隔熱。**50** 分鐘時，除去鋁箔紙，烘焙直到邊緣略微上色，中央完全熟透，才可出爐。	可以避免蛋糕上色過快。操作時，避免打開烤箱門的時間過長，以免影響烤箱內的溫度。
脫模時間	出爐後，靜置於網架上，**15** 分鐘後脫模。除去烤模，並撕下底部烘焙紙。	-
脫模後處理方式	置於網架上，直到完成冷卻，才能灑糖粉（可省略）。	-

剛出爐的蜜桃蛋糕

享用 *Enjoying*

- 利用新鮮水果製作的蛋糕,建議在 2 天之內食用完畢。

- 蜜桃蛋糕是個室溫蛋糕,不需要放入冰箱冷藏。烘焙完成後,稍等冷卻時,特別好吃。

- 隔日食用,蛋糕的滋潤度比較高,蛋糕裡充滿了蜜桃的香氣。

- 如果居住在溫度與濕度比較高的地方,如亞洲,建議隔日一定要放入冰箱冷藏,在食用前,置於室溫中回溫即可。

- 任何蛋糕放入冰箱冷藏,一定要放在容器中保存,才不會因為吸收冰箱內其他食物的氣味,而影響蛋糕的好味道。

保鮮 *Storage*

- 蛋糕放在加蓋的容器中,是必要的,記得留下小通氣孔。

- 在冬天,蛋糕可以在室溫保存約 3 天。在夏天,室溫 25°C 以下、乾燥環境,可以保存 2 天左右。

- 利用新鮮水果製作的蛋糕都應該趁著新鮮享用,不適合冷凍保存。

 ## 寶盒筆記 *Notes*

蜜桃蛋糕,也可以使用其他的新鮮水果製作。例如:蘋果、黑李、杏桃等。

烘焙完成後,會在蛋糕上方、蜜桃周圍看到裂口,這是食材中的泡打粉產生作用緣故,屬於自然現象。如果蛋糕上方沒有裂口,或許是因為使用了不同烤模,另外請檢查泡打粉的時效。

蛋糕經過靜置會稍微內縮。如果烤模有確實做好抹油灑粉的工作,脫模非常容易。

蛋糕出爐後,一定要經過 15 分鐘靜置才脫模。若過早脫模,熱蛋糕質地過軟,會造成失敗的成品。

出爐後,蛋糕不宜留在烤模中,直到完全冷卻。因為蛋糕的熱氣在烤模中無法散發,特別是蛋糕的底部無法散熱,會讓蛋糕質地因水分過高,而變得軟糊。

蛋糕入爐時的溫度非常非常重要,請一定確實做好烤箱預熱和溫控動作。

一般家庭小烤箱的溫度稍微高,請依照自家烤箱的特性調整。

典藏多果核桃蛋糕
淋核桃巧克力醬

| 糕點類別…**重奶油麵糊類蛋糕**
| 難易分類…★★☆☆☆

醇香的核桃磨成細粉混入麵粉中，
堅果與乾果的組合，酒糖液的處理，
最後淋上核桃巧克力醬，就是最美的典藏蛋糕。

材料 *Ingredients* | 製作 2 個長形蛋糕 烤模 151×67×67mm

食材	份量	備註
● 蛋糕體		
高筋麵粉	45g	-
低筋麵粉	35g	-
泡打粉	1/2 小匙	-
核桃磨成的細粉	30g	-
無鹽奶油	105g	隔水加熱，融化奶油成液態。使用時，溫度不可超過 40°C
雞蛋	2 個	中號雞蛋，帶殼重量約 60g，室溫
水果甜酒 25% vol	20ml	蘭姆酒，或其他堅果類的甜酒也可以
細砂糖	90g	-
核桃	55g	烘烤過的核桃，切大丁
杏仁	25g	烘烤過的杏仁，切大丁
杏桃乾	55g	半乾燥，切大丁
椰棗	25g	半乾燥，切大丁
備註：可以依照自己的喜好，調整乾果的種類。		
● 酒糖液 － 請不要省略		
清水	4 大匙	-
糖	1 大匙	-
水果甜酒	2 大匙	可用其他堅果類的甜酒。如果忌酒，酒糖液，可以省略甜酒製作
● 核桃巧克力淋醬 － 可省略		
吉利丁片	1 片	可用 2g 的吉利丁粉替換 ＊植物性的吉利 T，不適合
核桃	25g	切成大的碎粒，在乾鍋上炒出香氣
調溫苦味巧克力 70%	100g	切成碎粒，可用半苦味巧克力 43% 以上
動物鮮奶油 36%	100g	-
無鹽奶油	15g	-

烤模 *Bakewares*

長形水果條烤模 ....151×67×67mm　　2 個　（食譜示範）

製作步驟大綱 *Outline*

典藏多果核桃蛋糕，是使用食物調理機來幫助麵糊完成乳化的糕點。製作快速，過程簡單，而且風味迷人。完成製作的麵糊，有著光滑的特質。烘焙後的蛋糕質地，比平常使用糖油打發方式製成的糕點，較為密實而細膩。特別注意，由於蛋糕製作時間非常短，烤箱一定要提前預熱。

食物調理機中放入乾粉 》 加入雞蛋與糖 》 加入融化的奶油 》 加入切碎的堅果 》 加入浸漬的果乾 》 拌合 》 填入烤模 》 烘焙
烘焙完畢 》 脫模後，立即刷上酒糖液 》 等待蛋糕冷卻 》 淋核桃巧克力醬 》 完成

製作準備 *Preparations*

摘要	說明		備註
烤箱	預熱溫度 200°C，上下溫		預熱時間 20 分鐘前
烤模	抹油灑粉，或是鋪烘焙紙。示範抹奶油灑高筋麵粉，奶油要抹得薄薄的，多餘的麵粉要倒出來。		備用
乾粉類	麵粉、泡打粉先仔細混合，再過篩。		備用
無鹽奶油	切小塊，用溫水盆方式，隔水加熱融化。或是使用微波爐，設定低功率，以 30 秒為加熱單位，避免過度加熱。融化奶油成液態就可以。		等奶油略微冷卻後才能使用。融化奶油溫度不要高於 40°C
雞蛋與糖	將雞蛋加糖一起打散。		備用
核桃與杏仁	切成大碎粒的核桃與杏仁粒，在乾鍋內炒出香氣。也可以用烤箱乾烘。		備用
杏桃乾、椰棗與水果甜酒	椰棗去核，杏桃乾切成塊狀或粗絲狀。在椰棗與杏桃乾中，加入水果甜酒，用微波爐以低功率稍微加熱。		加熱時間不可以過長，溫度不宜過高。加熱溫度約至體溫，幫助果乾軟化，在甜酒中浸漬，並吸收甜酒的香氣

製作步驟 *Directions*

｜蛋糕體｜

必備工具：食物調理機

01. 食物調理機中加入過篩的乾粉。

02. 加入核桃磨成的細粉。

03. 一次性地加入已經打散的雞蛋與糖。

04. 使用中速攪拌，時間約 10 ～ 30 秒，或是直到糖粒完全融化，蛋麵糊的質地呈現濃稠狀。完成這個步驟時，記得刮盆。

05. 蛋麵糊完成時的狀態。

06. 加入融化的無鹽奶油，一樣使用中速攪拌，時間約 20 秒。

07. 乳化完成的麵糊，有著滑順質地，並且有很好的亮度。完成後，將麵糊從調理機中倒入大容器中。

08. 加入略微炒香的核桃粒與杏仁粒。

09. 再加入略微加熱並浸漬甜酒的果乾。果乾不必瀝乾，與甜酒一起加入即可。

10. 改以手動方式拌合，使用橡皮刮刀從底部翻拌，直到成為一個均勻混合的麵糊。

11. 填入事先準備好、抹油灑粉的烤模中。每個烤模中，填入的麵糊重量約為 290 ～ 300g，高度約為五分滿。因為蛋糕食材中使用了泡打粉，在烘焙過程中，會向上膨脹，所以麵糊不可裝填過滿。

12. 完成後，用小湯匙抹平麵糊，並將烤模在桌上震一震，讓麵糊平整，就可入爐烘焙。

烘焙與脫模 *Baking & More*

摘要	說明	備註
烤箱位置	下層	使用烤盤。
烘焙溫度	160°C，上下溫	預熱溫度是 200°C，蛋糕進爐後，立即降溫到 160°C。
烘焙時間	40 ~ 45 分鐘	直到竹籤試驗，插入蛋糕中央，完全沒有沾黏：才是完成的。
蛋糕劃口	不需要做這個動作。	示範的蛋糕沒有做這個步驟。
蓋鋁箔紙隔熱	烘焙結束前 15 分鐘，可以考慮在蛋糕上方蓋鋁箔紙隔熱。	示範的蛋糕沒有做這個動作。
脫模時間	出爐後，讓烤模側躺，10 分鐘後脫模（如使用鋪烘焙紙方式，同時去除烘焙紙）。	若是使用非長形烤模，靜置於網架上就可以。
脫模後處理方式	置於網架上，刷上準備好的酒糖液。	

| 酒糖液 |

13. 取一個小鍋，在清水中加入糖，用小火熬煮到沸騰後，離火。

14. 接著倒入水果甜酒，搖晃小鍋，使其混合均勻，就完成。

> **Remark**：製作酒糖液的酒，一定要在糖完全於清水中溶解後，且容器離火後加入。加入時間太早，酒在熬煮中會揮發掉。

| 蛋糕體刷酒糖液 |

15. 使用毛刷，在剛剛脫模還有熱度的蛋糕上刷酒糖液。每一個面都要仔細刷到，蛋糕的上方因為直接受熱，會比較乾燥，建議重複刷，直到酒糖液完全用完。

16. 刷完酒糖液的蛋糕，可以用保鮮膜或是鋁箔紙包起來後，放入冰箱冷藏，或是放置於乾燥陰涼地方，給予蛋糕熟成時間。

> **Notes**
>
> 酒糖液的製作，應該配合蛋糕出爐的時間。在蛋糕脫模後，趁蛋糕還有熱度時，就要刷上酒糖液，蛋糕才會完整地吸收酒糖液的香氣，讓蛋糕擁有最好的潤澤度。

裝飾 *Decorations*

｜核桃巧克力淋醬｜

01. 吉利丁片泡冷水軟化，備用。

02. 核桃切成大的碎粒，可以先在乾鍋上炒香，備用。

03. 巧克力切成小碎粒，備用。

Remark：建議使用苦味巧克力 **70%**，可用半苦味巧克力 **43%** 以上。

04. 將鮮奶油與奶油放入小鍋中，小火加熱，約 75 ～ 80°C（不需沸騰），再加入瀝乾水分的吉利丁，攪拌至吉利丁融化，質地均勻。全程小火，避免沸騰。吉利丁一融化，小鍋就要立刻離火。

05. 直接將鮮奶油淋在 3/4 份量的巧克力粒上方。不要攪動約 5 分鐘，再加入剩下的巧克力粒，用刮刀拌勻。完成的甘納許巧克力淋醬，有著漂亮的光澤。

06. 將巧克力醬過濾入玻璃製的容器。

Remark：經過過濾後的巧克力醬，質地與亮度都更細緻。

07. 將切成碎粒的核桃加入巧克力醬中，拌勻。

｜典藏多果核桃蛋糕淋核桃巧克力醬｜

08. 蛋糕放在網架上，仔細淋上核桃巧克力醬，完成。

Notes

巧克力醬，是甘納許巧克力醬食譜的一種。淋醬時，蛋糕必須是完全冷卻的，建議使用先經過冷藏的蛋糕會更好。巧克力醬的溫度，使用時，建議在 40 ～ 45°C。當巧克力醬太熱，質地稀、流動力大，附著在蛋糕上的量就比較少，也有融化蛋糕的可能。巧克力醬過冷，質地過於濃稠、流動力差，則會讓蛋糕上的巧克力過厚。

享用 *Enjoying*

● 典藏多果核桃蛋糕是一個室溫蛋糕,適合室溫享受。

● 因為氣候關係,需要把蛋糕放入冰箱冷藏時,只要在食用前 30 分鐘取出,留在室溫中回溫即可。

 ## 保鮮 *Storage*

● 蛋糕放在加蓋的容器中,是必要的,記得留下小通氣孔。

● 作為伴手禮,可以先仔細密封後冷凍,食用前,留在室溫中回溫,就可以享受。

寶盒筆記 *Notes*

建議使用半乾燥的果乾。果乾的含水量決定了果乾的保存期限,半乾燥的果乾,保存期限較短,在手上還是能感受果子的濕潤度。這樣的乾果,果香較濃。使用在糕點製作中,不會吸取過多麵糊裡的水分,糕點可以保持理想的濕潤度。

各個廠牌的食物調理機,功率不同,需要自行依麵糊的乳化狀態調整時間。請參考步驟照片,來判斷調整操作的時間。

典藏多果核桃蛋糕的備料時間比步驟操作時間長,使用食物調理機操作時,一定要注意麵糊狀態。

所有果乾的大小會影響完成的蛋糕成品的質地,過大會沉底,過小無法體會味道,都不合適。

建議至少給予典藏多果核桃蛋糕 3 天時間熟成,讓蛋糕口感和味道均衡而完美。

這個蛋糕是用比較低的溫度慢烘而成。進爐時的溫度很重要,蛋糕才能完成定型。

注意酒糖液準備的時間。蛋糕脫模後,應該立刻刷上酒糖液,蛋糕在有熱度的時候,吸收得最好。

製作甘納許巧克力醬,應該選用半苦味巧克力(英文:Semisweet chocolate 43% 以上),或是苦味巧克力(英文:Dark Chocolate 或是 Bittersweet chocolate 70%)。巧克力醬經過過濾後,可以濾除雜質與氣泡,質地較為細密而光滑。

淋巧克力醬時,蛋糕與巧克力醬的溫度都很重要。蛋糕的溫度要低,使用前,先經過冷藏更好。巧克力醬的溫度應該要在 44°C。

假若希望巧克力醬完全包覆蛋糕體,巧克力醬必須以兩倍的份量製作,淋巧克力醬的動作才能一次完整地完成。

淺談
奶油蛋糕

製作篇

01. 預熱烤箱,是必要的程序。蛋糕入爐時,烤箱應該確實達到理想溫度。

02. 食材的溫度是決定所完成蛋糕的組織與結構的因素之一。以油糖打發方式製作的蛋糕,應該使用略微回溫的奶油。奶油的溫度過高或是過低,都無法在打發步驟中,成功地包住空氣,完成的蛋糕體積比較小、比較矮,質地會比較密實,口感上有油膩感。

03. 蛋糕的組織與結構是藉由操作方式而完成的。一般磅蛋糕最普遍使用的油糖法,是將奶油先略微打軟後,慢慢加入糖,攪拌直到蓬鬆,再加入雞蛋,最後才是加入香料與各種乾粉。將糖攪拌直到與奶油融合,打發過程所需時間,至少需要幾分鐘,甚至要 10 分鐘才會完成。如果使用手提式的電動攪拌機會比較辛苦,不過,打發基礎步驟絕對不能偷工減料,應該要真正做到打發,奶油與糖在經過攪拌後,體積會變得比較大,質地會變得蓬鬆、輕盈,色澤會轉淡。

04. 使用全蛋打發製作時,加入雞蛋的速度要慢,份量要少。先將全蛋打散後再小量加入,可以幫助與奶油乳化的過程更順利。如果食譜中雞蛋重量只有奶油重量的三分之一以下,可以一次性的加入所有雞蛋。

05. 製作蛋糕,應該選擇大小適中的容器。如果是小份量的蛋糕,個人經驗是手提式的攪拌機比桌上座式攪拌機好,手提式球型攪拌配件與小份量的奶油接觸面比較大,會讓打發步驟較為容易。

06. 製作全蛋法的磅蛋糕,如果使用桌上座式攪拌機,應該使用漿狀的配件。球型的配件,應該在打發蛋白、雞蛋、鮮奶油、製作美乃滋……的時候使用。

07. 步驟中所有攪拌、拌合、切拌、翻拌……的動作,都應該注意不要過度操作。觀察麵糊的實際狀態是必要的,並且應以實際狀態為主。蛋糕麵糊如果過度攪拌,會造成失敗的成品,完成的蛋糕組織粗糙,外型有塌陷的現象。

08. 攪拌,是較為快速、均勻的持續動作,例如使用攪拌機打發奶油、糖與雞蛋。拌合,一般是使用矽膠刮刀手動操作,是混合食材的一種方式。切拌與翻拌也是手動操作方式,多半用在最後加入乾粉時,先用矽膠刮刀將加入麵糊中的乾粉,連續劃幾次井字後,再採用翻拌的方式,從下往上、由外往內,讓乾粉均勻混合在麵糊中,而不至於出筋。

09. 食譜步驟中的操作順序,非常重要,所加入食材的狀態、溫度、次序先後、份量、方式都會影響成品的成果。

10. 食譜中所建議的步驟,是為了讓完成的蛋糕在口感與質地上有最理想的呈現。不同操作拌合的方法,能給予蛋糕不同的口感、組織、特性,並沒有優劣差異。

11. 如果不希望使用泡打粉與烘焙用蘇打粉,可以用全蛋打發方式與分蛋法來操作,達到讓糕點蓬鬆的目的。

鳳梨藍莓蛋糕

Ananas-Heidelbeer-Kuchen

滋潤酸美，蜜濃合宜，
正是午後，屬於心的，最好的，點心。

材料 *Ingredients*

製作 1 個長形蛋糕
烤模 210×67×55mm

食材	份量	備註
● 蛋糕體		
低筋麵粉	110g	-
泡打粉	1/4 小匙	平匙，請使用烘焙標準量匙
雞蛋	1 個	大號雞蛋，帶殼重量約 70g
糖粉	70g	可用細砂糖，糖粉的甜度較低，融合較快
香草糖	1 大匙	平匙，或用 1 小匙香草精取代
全脂鮮奶	60ml	室溫，請用標準量杯仔細衡量
無鹽奶油	65g	隔水加熱，融化奶油成液態。使用時，溫度不可超過 40°C
● 水果裝飾		
新鮮藍莓	30g	可用其他鮮果與莓果取代。或全部以鳳梨製作。冷凍藍莓與莓果，烘焙時會釋出過多水分，並不適用
罐頭鳳梨片	75g	切塊備用
● 裝飾－可省略		
糖粉	適量	-

烤模 *Bakewares*

長形水果條烤模 ....210×67×55mm   1 個   （食譜示範）

製作步驟大綱 *Outline*

雞蛋打散 》 加入糖 》 加入鮮奶 》 打發 》 乾粉拌合 》 加入融化奶油 》 均勻拌合 》 入模 》 抹平麵糊 》 放上鳳梨塊 》 放上藍莓 》 烘焙

烘焙完畢 》 出爐後在網架上靜置 15 分鐘 》 脫模 》 靜置於網架上，直到完全冷卻 》 灑上糖粉（可省略）》 完成

製作準備 *Preparations*

摘要	説明		備註
烤箱	預熱溫度 180°C，上下溫		預熱時間 20 分鐘前
烤模	鋪烘焙紙，或是抹奶油灑麵粉。奶油要薄而均勻，篩上麵粉後，多餘麵粉要倒出來。		備用
乾粉類	低筋麵粉與泡打粉先混合後，再過篩。**Remark**：準確衡量泡打粉，使用烘焙用標準量匙，以平匙為準。		備用
無鹽奶油	以隔水加熱方式，融化奶油成液態。使用時，溫度不可超過 40°C。		備用
藍莓與鳳梨	藍莓洗淨、瀝乾。鳳梨片瀝乾糖水、切塊。		備用

製作步驟 *Directions*

｜蛋糕體｜

01. 首先打散雞蛋。

02. 加入所有糖粉與香草糖。

03. 倒入鮮奶。

04. 使用電動攪拌機，以中低速打發（中間記得刮盆）。

05. 直到蛋奶糖中的糖粉全部融化，色澤偏淡黃色。

06. 加入所有過篩的乾粉。

07. 接下來，改以手動方式，使用刮刀進行拌合。先畫幾次「井」字，以切拌方式操作，之後，從外往裡、從底部往上略微壓拌，讓乾粉與糖蛋糊結合。

Remark：此項為重點步驟。不要過度操作麵糊，導致麵粉出筋，進而影響完成的糕點的質地與口感。

08. 完成時的麵糊，是均勻且會緩緩流動的狀態。

09. 再加入融化奶油，一樣用手動方式拌合。

Remark：加入時，奶油溫度約30℃，不宜過熱。

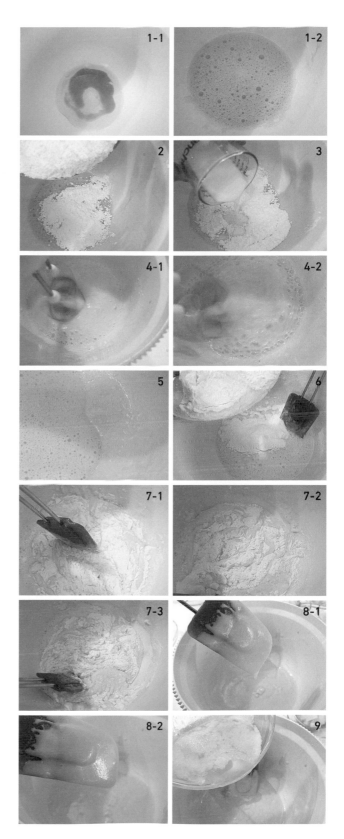

10. 請使用刮刀畫幾次「井」字，以切拌方式進行，之後，從外往裡、從底部往上略微壓拌。讓奶油蛋糕均勻結合。

11. 完成時的狀態。

12. 將完成的麵糊填入準備好的烤模中。

13. 先用小湯匙抹平表面，完成後，記得放在檯面上震一震。

| 水果裝飾 |

14. 放上瀝乾的鳳梨塊。放在麵糊上就好，不必壓下去。

15. 最後放上新鮮藍莓，就可以進爐烘焙。

烘焙與脫模 *Baking & More*

摘要	說明	備註
烤箱位置	中下層，正中央	烤模放在烤盤上。
烘焙溫度	180°C，上下溫	一個溫度到完成。
烘焙時間	總計約 50 ～ 55 分鐘	直到竹籤試驗，插入蛋糕中央，完全沒有沾黏，才是完成的。
蓋鋁箔紙隔熱	需依實際狀況判斷。在蛋糕上方蓋鋁箔紙隔熱，建議在烘焙 30 分鐘後。	可以避免蛋糕上色過快。操作時，避免打開烤箱門的時間過長，以免影響烤箱內的溫度。
脫模時間	出爐後，靜置於網架上，15 分鐘後脫模。	-
脫模後處理方式	置於網架上，直到完成冷卻，才能灑糖粉（可省略）。	-

享用 *Enjoying*

- 利用新鮮水果製作的蛋糕，建議在 2 天之內食用完畢。

- 鳳梨藍莓蛋糕是個室溫蛋糕，不需要放入冰箱冷藏。烘焙完成後，稍等冷卻時，趁新鮮品嚐，特別好吃。

- 加入水果的蛋糕，一般滋潤度都比較高。

- 任何蛋糕放入冰箱冷藏，一定要放在容器中保存，才不會因為吸收冰箱內其他食物的氣味，而影響蛋糕的好味道。

- 經過冷藏的蛋糕，要食用前，應該在室溫中回溫，口感才會好。

保鮮 *Storage*

- 蛋糕放在加蓋的容器中，是必要的，記得留下小通氣孔。

- 在冬天，蛋糕可以在室溫保存約 3 天。在夏天，室溫 25°C 以下、乾燥環境，可以保存 2 天左右。

- 利用新鮮水果製作的蛋糕都應該趁著新鮮享用，不適合冷凍保存。

寶盒筆記 *Notes*

製作鳳梨藍莓蛋糕，需要注意加入乾粉後的拌合方式。不可過度操作，才能保持正確蛋糕質地。

加入融化奶油時，要再次確認奶油的溫度。溫度過高或是過低，都會影響成品。

烘焙完成後，會在蛋糕上方中央部分看到裂口，這是食材中泡打粉發揮作用的緣故，屬於自然現象。

蛋糕經過靜置會稍微內縮。如果烤模抹油灑粉的工作做得好，脫模就非常容易。

蛋糕出爐後，一定要經過 15 分鐘靜置才脫模。若過早脫模，熱蛋糕質地過軟，會造成失敗的成品。

蛋糕入爐時的溫度非常非常重要。請一定確實做好烤箱預熱和溫控動作。

一般家庭小烤箱的溫度稍微高，請依照自家烤箱特性調整。

墨金巧克力蛋糕

Le Cake - Valrhona

來自法國法芙娜巧克力專業烘焙教室，
體會巧克力的深、濃、美。

材料 *Ingredients*

製作 4 個 Mini 蛋糕
烤模 115×68×50mm

食材	份量	備註
● 蛋糕體		
無鹽奶油	50g	隔水加熱，融化奶油成液態。使用時，溫度不可超過 40°C
低筋麵粉	85g	-
泡打粉	1 小匙	-
法芙娜原味可可粉	2 大匙	可使用其他原味、無添加可可粉
蜂蜜	2.5 大匙	-
細砂糖	85g	-
雞蛋	3 個	中號雞蛋，帶殼重量約 60g，室溫
杏仁磨成的細粉	20g	脫皮的杏仁，可用製作馬卡龍的杏仁粉
酸奶油 12～16% 乳脂	85g	英文：Sour Cream，室溫，可用動物鮮奶油 36% 取代
法芙娜調溫苦味巧克力 70% 以上可可	28g	切碎，隔水融化
蘭姆酒	10g	英文：Rum，可用巧克力利口酒取代
● 巧克力淋醬 - 可省略		
調溫苦味巧克力 50% 以上可可	100g	切成碎粒
動物鮮奶油 36%	100g	-
無鹽奶油	15g	-

烤模 *Bakewares*

Mini 長形水果條烤模......115×68×50mm　　　4 個　（食譜示範）
　　　　　　　　　　　　內徑 100×47×50mm
12 連大馬芬烤模..........每個馬芬模直徑 70mm　　1 個
圓形蛋糕烤模 ....直徑 200mm　　　　　　1 個（分離烤模可）

製作步驟大綱 *Outline*

打發雞蛋 》 加入砂糖與蜂蜜 》 拌入杏仁細粉 》 拌入過篩過的乾
　　　　　粉 》 加入酸奶油 》 加入融化的苦味巧克力 》 倒入蘭
　　　　　姆酒 》 加入融化奶油 》 填入烤模 》 烘焙
烘焙完畢 》 靜置 10 分鐘後脫模 》 直到完全冷卻後，淋上巧克力
　　　　　醬 》 完成

製作準備 *Preparations*

摘要	說明		備註
烤箱	預熱溫度 180°C，上下溫		預熱時間 20 分鐘前
烤模	抹油灑粉，或是鋪烘焙紙。這裡示範抹奶油、灑高筋麵粉。		備用
乾粉類	麵粉、泡打粉、可可粉，先仔細混合，再過篩。		備用
無鹽奶油	切小塊，用熱水盆方式，隔水加熱融化，奶油呈現透明狀就可以。**Remark**：等奶油略微冷卻後才能使用。使用時，融化奶油的溫度不要高於 **40°C**。		備用
苦味巧克力	切成小塊，以隔水加熱方式，將巧克力融化成為液態。（容器底部不要碰到下方盆中的水。）中間需要稍微攪拌。**Remark**：約九成巧克力融化後，要取出水盆。再繼續稍微拌合，就可以讓巧克力均勻融化。		備用

製作步驟 *Directions*

｜蛋糕體｜

01. 首先用電動攪拌機中速打發雞蛋，直到蛋汁出現粗泡沫，進行時間 1 分鐘內。

02. 加入細砂糖和蜂蜜。

03. 以中速打發，直到糖粒完全融化，糖蛋糊的體積變大，色澤轉變成淡黃色。

04. 改以手動方式操作。使用橡皮刀拌入杏仁粉，混合均勻。

05. 以慢慢畫圈的方式拌勻。

06. 分多次拌入乾粉，一樣以手動方式，從底部翻拌。直到乾粉完全與糖蛋糊混合。

07. 加入酸奶油與融化的巧克力。

08. 倒入蘭姆酒。

09. 在蛋糊中加入融化奶油。以手動方式拌入糖蛋麵糊中，確定融合就完成了。

　　Remark：使用融化奶油時，溫度大約跟體溫相同，過冷、過熱都會影響成品。

10. 填入預先準備好、抹油灑粉的烤模中，填入的量不要超過八分滿。先抹平麵糊，再將烤模在桌上震一震。完成後，準備烘焙。

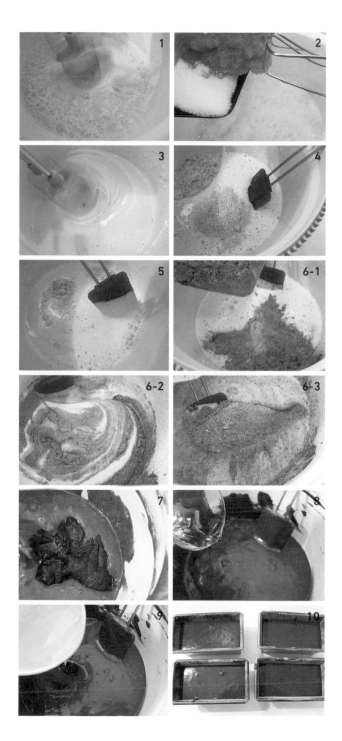

烘焙與脱模 Baking & More

摘要	説明	備註
烤箱位置	中層，正中央	使用網架。
烘焙溫度	180°C，上下溫	一個溫度到完成。
烘焙時間	40 ～ 45 分鐘	直到竹籤試驗，插入蛋糕中央，完全沒有沾黏，才是完成的。
蛋糕劃口	可以在入爐 15 分鐘後，用尖利的小刀，在蛋糕中央劃出開口。	烤箱溫度不穩定的話，請不要做這個動作，讓蛋糕自然開裂就好。示範的蛋糕，沒有做這個步驟。
蓋鋁箔紙隔熱	烘焙結束前 15 分鐘，可以考慮在蛋糕上方蓋鋁箔紙隔熱。	示範的蛋糕沒有做這個動作。
脱模時間	出爐後，讓烤模側躺，10 分鐘後脱模。	如使用非長形烤模，靜置於網架上即可。
脱模後處理方式	置於網架上，直到完全冷卻。	-
淋醬前處理方式	如果要淋上甘納許巧克力醬，蛋糕必須放置在網架上完全冷卻。	蛋糕經過隔夜冷藏更佳。

裝飾 Decorations

｜甘納許巧克力淋醬｜

01. 苦味巧克力先切成小的碎粒後，置於一個大容器中。

02. 鮮奶油與奶油用小火加熱到約 80°C。

03. 將熱的鮮奶油與奶油，直接淋在切碎的巧克力上。

04. 靜置 5 分鐘。（先不攪動）

05. 使用橡皮刀或是小湯匙，以畫圈的方式攪拌，直到融化成光滑、有光澤感的甘納許巧克力醬。

　　Remark：這個步驟請一定用手操作，建議使用橡皮刀或是小叉子，不可使用手動攪拌器。

| 蛋糕體淋甘納許巧克力醬 |

06. 淋上巧克力醬，建議要連續淋兩次。第二次
時，要慢慢地小份量淋，直到每一個角落都
淋上，就完成了。

> **Remark**：完成的巧克力淋醬如果經過過篩，更
> 能增加巧克力淋醬的細緻度與亮度。示範的墨金
> 巧克力蛋糕，巧克力淋醬經過過篩步驟。

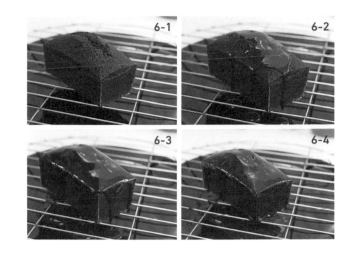

享用 *Enjoying*

● 沒有淋上甘納許巧克力醬的墨金巧克力蛋
糕，適合室溫享受。

● 如果淋上甘納許巧克力醬，並加上鮮果做
裝飾，蛋糕必須冷藏才能保持蛋糕的鮮度。

● 墨金巧克力蛋糕使用了奶油製作，經過冷
藏，蛋糕會比較密實，口感不同。

● 如果因為氣候，需要放入冰箱冷藏，只要
在食用前 30 分鐘取出，留在室溫中回溫
即可。

保鮮 *Storage*

● 蛋糕放在加蓋的容器中，是必要的，記得留
下小通氣孔。

● 在冬天，蛋糕可以在室溫保存約 3 天。在夏
天，室溫 25°C 以下、乾燥環境，可以保存
2 天左右。

● 如果蛋糕上加上鮮果，保存時間會因此減
短。特別是加了莓果類的鮮果，建議冷藏
保鮮。

● 如果想當作伴手禮，可以先仔細密封後冷
凍，食用前，留在室溫中回溫，就可以享受。

寶盒筆記 *Notes*

製作甘納許巧克力淋醬，方式是把熱的鮮奶油與奶
油，澆上巧克力。而不是巧克力放入融化的鮮奶油
與奶油中。

請一定用手操作，建議使用橡皮刀，或是小叉子，
不可使用手動攪拌器。

靜置 5 分鐘後，攪拌的動作應該要慢而輕，避免翻
拌，而讓甘納許巧克力醬中進入過多的空氣。空氣
會讓巧克力醬出現氣泡，影響巧克力醬的美觀。

希望完成漂亮的巧克力淋醬，應該注意巧克力醬的
溫度與蛋糕的溫度。

蛋糕在淋醬時，必須是完全冷卻的狀態，使用隔夜
冷藏過的蛋糕為住。

巧克力淋醬必須趁熱馬上使用，溫度是 40 ～
45°C。若溫度過熱，巧克力醬流動力大、附著力
較低，也有損毀蛋糕的可能。而溫度過低時，巧
克力凝結，會變得濃稠，或結成塊，無法流動，
就會造成厚薄不均，淋醬表面粗糙的問題。

|糕點類別…**奶油蛋糕**／**全蛋法麵糊類蛋糕**
|難易分類…★☆☆☆☆

圓滿蘋果蛋糕

Apfelkuchen, sehr fein

溫馨芬芳，難以忘懷

材料 *Ingredients* | 製作 1 個圓形蛋糕 烤模直徑 240mm

食材	份量	備註
● 蛋糕體		
低筋麵粉	200g	-
泡打粉	2 小匙	-
鹽	1 小撮	-
無鹽奶油	125g	柔軟狀態
細砂糖	120g	-
雞蛋	3 個	室溫。中號雞蛋，帶殼重量約 60g
新鮮檸檬皮屑	半個檸檬	建議使用有機檸檬，使用前用熱水沖洗拭乾
香草精	1 小匙	可用 10g 香草糖取代
全脂鮮奶	2 大匙	室溫，請用標準量杯仔細衡量
新鮮蘋果	600～650g	建議選用略帶酸味的、熟度高的蘋果更好。示範使用 4 個青蘋果
● 裝飾－可省略		
糖粉	適量	-
杏桃果醬	1 大匙	果醬要過篩才使用。烘焙後刷在蘋果片上

烤模 *Bakewares*

圓形分離式深派模.........直徑 240mm   1 個 （食譜示範）
圓形分離式蛋糕烤模......直徑 240mm   1 個
圓形分離式蛋糕烤模......直徑 260mm   1 個（蛋糕會比較扁平）

製作步驟大綱 *Outline*

奶油打發 》 分次加入細砂糖 》 加入雞蛋 》 加入檸檬皮屑 》 加入香草精 》 拌入乾粉 》 拌入鮮奶 》 入模 》 抹平麵糊 》 蘋果去皮切半後切片 》 蘋果片保持間距地放到麵糊上 》 烘焙

烘焙完畢 》 出爐後在網架上靜置 **20** 分鐘 》 脫模 》 靜置於網架上，直到完全冷卻 》 灑上糖粉或抹杏桃果醬（可省略） 》 完成

製作準備 *Preparations*

摘要	說明		備註
烤箱	預熱溫度 180°C，上下溫		預熱時間 20 分鐘前
烤模	烤模抹油灑粉。奶油要薄而均勻，篩上麵粉後，多餘麵粉要倒出來。 **Remark**：如果使用派模，派模的深度至少 **35mm**，以免烘焙過程中，麵糊溢出。		備用
乾粉類	低筋麵粉、泡打粉、鹽先混合後，再過篩。泡打粉必須使用標準量匙測量，平匙為準。		備用
雞蛋	打散。		備用
蘋果	蘋果削皮去芯後，泡入檸檬水中防止氧化，再對半切。檸檬水比例：1 大匙新鮮檸檬汁 + 1 杯清水。檸檬汁為食譜份量外。		備用 ＊防止蘋果氧化，也可用鹽水浸泡約 5 分鐘，使用前再洗淨蘋果。（建議使用檸檬水，能保持蘋果滋味。）

製作步驟 *Directions*

｜圓滿蘋果蛋糕｜

使用電動攪拌機，全程中低速操作。

01. 略微打發奶油。

02. 分 3 ～ 4 次加入糖，慢慢打發成為蓬鬆淡色的奶油糖霜。

03. 分多次，慢慢加入打散的蛋汁。最好是邊打邊加入蛋汁，線狀慢慢倒入。

04. 每次加入蛋汁時，都要確實打發（中間記得刮盆）。

05. 加入新鮮檸檬皮屑，避免刮到皮層底下白色帶苦味的部份。

　　Remark：建議使用有機檸檬，使用前用熱水沖洗拭乾。

06. 接著加入香草精。

07. 加入過篩好的乾粉，改成以手動方式拌合。請使用刮刀，畫幾次「井」字，以切拌方式進行。在目前階段，仍看得到散落的麵粉，不必拌得完全均勻。

　　Remark．加入乾粉後，請注意不要用力攪拌麵糊，避免過度操作麵糊而導致麵粉出筋，進而影響完成的糕點的質地與口感。

08. 加入鮮奶，一樣以切拌方式混合，再從外往裡、從底部往上略微壓拌，讓乾粉與奶油蛋糕結合。直到成為完全均勻光滑的麵糊。

09. 將完成的麵糊填入準備好的烤模中。

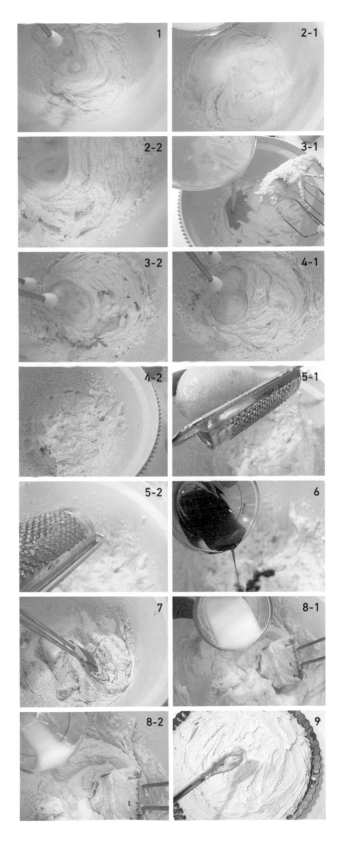

10. 先用小湯匙抹平表面，完成後，記得放在檯面上震一震。

11. 把削皮去芯的蘋果平切頭尾，先切半後，把每半個蘋果，再切成等寬的蘋果片，每片約 3～4mm。

12. 在麵糊上放上蘋果片。輕輕地放上去就可以，不要往下壓。

13. 蘋果片之間，要留下間距。蘋果與烤模間，也要留下間距，烘焙後才好脫模，也比較美觀。擺好後就進爐烘焙。

   Remark：如果是使用派模，在烘焙過程中，麵糊會膨起，因此要控制蘋果的量，不然麵糊會在過程中外溢。若是使用蛋糕烤模，就沒有這個問題。

烘焙與脫模 *Baking & More*

摘要	說明	備註
烤箱位置	中下層，正中央	烤模放在烤盤上。
烘焙溫度	180℃，上下溫	一個溫度到完成。
烘焙時間	總計約 45～50 分鐘	直到竹籤試驗，插入蛋糕中央，完全沒有沾黏，才是完成的。
蓋鋁箔紙隔熱	烘焙25分鐘時，在蛋糕上方蓋鋁箔紙隔熱，出爐前除去鋁箔紙。烘焙直到邊緣略微上色，中央完全熟透，才可出爐。	可以避免蛋糕上色過快。操作時，避免打開烤箱門的時間過長，以免影響烤箱內的溫度。
脫模時間	出爐後，靜置於網架上，20 分鐘後脫模。蛋糕不宜過早脫模，容易因為軟質地與蘋果的重量而裂開。	-
脫模後處理方式	置於網架上，趁溫熱的時候，可以幫蘋果片刷上杏桃果醬。若要在蛋糕上灑糖粉，則必須等到蛋糕完全冷卻。	此步驟可省略。

烘焙完畢，脫模的圓滿蘋果蛋糕。

 ## 享用 *Enjoying*

- 利用新鮮水果製作的蛋糕，或是水分含量在 30% 以上的蛋糕，要注意保存方式，並建議在 2 天之內食用完畢。
- 圓滿蘋果蛋糕是個室溫蛋糕，不需要放入冰箱冷藏。烘焙完成後，稍等冷卻再食用，特別好吃。
- 隔日食用，蛋糕的滋潤度比較高。
- 如果居住在溫度與濕度比較高的地方，如亞洲，建議隔日一定要放入冰箱冷藏。在食用前，放在室溫中回溫即可。

保鮮 *Storage*

- 蛋糕放在加蓋的容器中，是必要的，記得留下小通氣孔。
- 利用新鮮水果製作的蛋糕都應該趁著新鮮享用，不適合冷凍保存。

寶盒筆記 *Notes*

口感與質地完美的圓滿蘋果蛋糕，來自正確的食材比例與操作方式。

不經過泡檸檬汁或是泡鹽水的蘋果片，雖然會見到氧化的銹色，但不影響蘋果本身的好味道。

如果烘焙出來的蛋糕密實、扁平，蘋果周圍看不見裂紋，或許是因為所使用的烤模過大，並且應該檢查泡打粉的份量與時效。

蛋糕經過靜置會稍微內縮。如果烤模抹油灑粉的工作有確實做好，脫模非常容易。

蛋糕出爐後，一定要經過 20 分鐘靜置後才脫模。如果過早脫模，熱蛋糕質地過軟，會因此造成碎裂的成品。

出爐後，蛋糕不宜留在烤模中，直到完全冷卻，因為蛋糕的熱氣在烤模中無法散發，特別是蛋糕的底部無法散熱，會讓蛋糕質地因水分過高，而變得軟糊。

完成後，在蘋果上刷少許的杏桃果醬，能夠幫助蘋果保持水分，另外果醬也有隔離作用。

所有使用新鮮水果烘焙的蛋糕，隔日，都可以看見水果旁的蛋糕體會變得比較濕潤，如果使用藍莓或是覆盆子等莓果，也能明顯看到蛋糕體吸收鮮果的色澤，這是因為新鮮水果滲出水分的關係。圓滿蘋果蛋糕，蘋果旁的蛋糕體，隔日時，也會因為蘋果自然滲出水分，質地變得比較滋潤。存放的時間越長，蛋糕會因為鮮果的緣故，而變得越濕潤，因而影響蛋糕的好味道。

蛋糕入爐時的溫度非常非常重要，請一定確實做好烤箱預熱和溫控動作。

一般家庭小烤箱的溫度稍微偏高，請依照自家烤箱特性調整。

酪梨蛋糕

Avocadokuchen mit Limettenguss und Pistazien

濃烈，或許能表達酪梨中豐富之一二。
酪梨蛋糕，卻有讓人無法錯過的清雅。

材料 *Ingredients* | 製作 2 個長形蛋糕
烤模 240×50×47mm

食材	份量	備註
● 蛋糕體		
低筋麵粉	175g	-
泡打粉	1.5 小匙	平匙,請準確測量。重量約 7g
鹽	1 小撮	-
烘焙用杏仁粉	25g	帶皮或是脫皮杏仁磨成的細粉。馬卡龍用杏仁粉也可以;或可用其他的堅果粉,如核桃、榛果磨成的細粉
酪梨果肉	110g	約 1 個酪梨。熟軟的酪梨會比較香
新鮮檸檬汁	1 小匙	-
無鹽奶油	110g	柔軟狀態
細砂糖	85 ～ 100g	如果打算淋上糖霜,可以調整糖的份量到 85g
香草精	1/2 小匙	可以使用天然香草莢半枝,或是 1 小匙香草糖替代
雞蛋	2 個	室溫,中號雞蛋,帶殼重量約 60g
鮮奶	25 ～ 30ml	視麵糊的濕度調整
● 開心果檸檬糖霜－可省略		
新鮮檸檬皮屑	半個檸檬	-
新鮮檸檬汁	2 ～ 3 大匙	-
糖粉	100g	-
開心果碎	25g	-

烤模 *Bakewares*

長形水果條烤模 ....240×50×47mm　　2 個　（食譜示範）

製作步驟大綱 *Outline*

酪梨打成泥 》加入奶油 》分次加入細砂糖 》分次加入雞蛋 》倒入香草精 》乾粉拌合 》加入鮮奶 》加入剩餘乾粉 》均勻拌合 》入模 》抹平麵糊 》烘焙

烘焙完畢 》出爐後在網架上靜置 15 分鐘 》脫模 》靜置於網架上,直到完全冷卻 》淋上開心果檸檬糖霜（可省略）》完成

製作準備 *Preparations*

摘要	說明		備註
烤箱	預熱溫度 180°C，上下溫		預熱時間 20 分鐘前
烤模	鋪烘焙紙，或是抹奶油灑麵粉。示範是鋪烘焙紙。		備用
酪梨果肉	酪梨取果肉，馬上淋上檸檬汁防止氧化。再使用小叉子壓碎，略帶小塊沒有關係。		備用
乾粉類	低筋麵粉、泡打粉與鹽先混合後，再過篩。		接續下一步
杏仁粉	將杏仁粉混入過篩完的乾粉中。		備用
雞蛋	打散。		備用

製作步驟 *Directions*

| 蛋糕體 |

01. 準備一個大容器，放入酪梨果肉。使用電動攪拌機，開低速攪拌，直到成泥。

02. 加入無鹽奶油，以低速打發到蓬鬆。色澤會比打發前還要淡。

03. 分三次加入砂糖。一樣使用低速打發，直到砂糖融化，酪梨奶油呈現蓬鬆的狀態。

04. 分 2 ～ 3 次加入雞蛋，每次加入都確定打到完全融合後，才能繼續加蛋汁。

05. 加入香草精。

06. 接下來改用手動方式拌合。先把過篩好的乾粉，約略分成三份。請用刮刀，以切拌、翻壓方式，拌入 2/3 的乾粉。

　　Remark：略微拌合，不必到完全均勻。

07. 倒入全部鮮奶，不拌合。

08. 最後加入剩下的乾粉後，再仔細切拌。

09. 慢慢地切拌，直到全部食材均勻混合。

　　Remark：第一次加入乾粉，切拌與翻拌不必非常均勻，第二次就是最後加入乾粉時，才仔細翻拌，比較不會因為過度操作麵粉，而有麵粉出筋的問題。

10. 將麵糊填入準備好的烤模中。

11. 麵糊入模後，記得放在桌上震一震，震出空氣，麵糊表面還要用小湯匙的背面抹平整。完成製作後，就可入爐烘焙。

　　Remark：使用竹籤在麵糊中劃圈，可以減少麵糊中的氣孔。

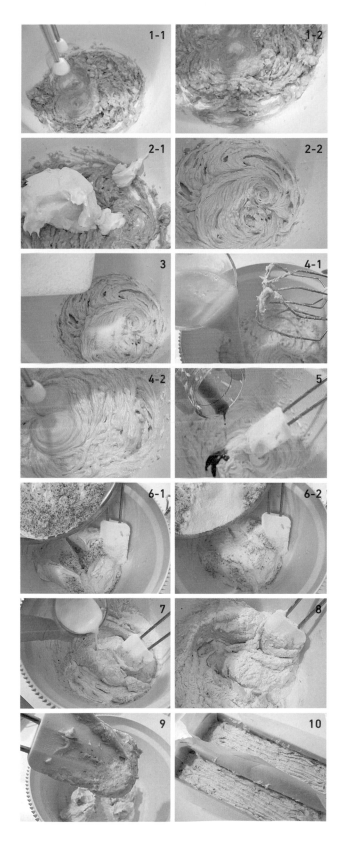

烘焙與脫模 *Baking & More*

摘要	説明	備註
烤箱位置	中下層，正中央	烤模放在烤盤上。
烘焙溫度	**180°C**，上下溫	一個溫度到完成。
烘焙時間	總計約 **40 ～ 45 分鐘**	直到竹籤試驗，插入蛋糕中央，完全沒有沾黏，才是完成的。
蛋糕劃口	可以在入爐 **20** 分鐘後，用尖利的小刀，在蛋糕中央劃出開口。	烤箱溫度不穩定的話，請不要做這個動作，讓蛋糕自然開裂就好。示範的蛋糕，沒有做這個步驟。
蓋鋁箔紙隔熱	需依實際狀況判斷。在蛋糕上方蓋鋁箔紙隔熱，建議在烘焙 **30** 分鐘後。	可以避免蛋糕上色過快。操作時，避免打開烤箱門的時間過長，以免影響烤箱內的溫度。
脫模時間	出爐後，靜置於網架上，**15** 分鐘後脫模，並小心撕除烘焙紙。	-
脫模後處理方式	置於網架上，直到完成冷卻，才能淋上開心果檸檬糖霜（可省略）。	蛋糕體還有餘溫時，會融化糖霜，影響披覆效果。

烘焙完畢，靜置 15 分鐘後脫模。脫模時，抓住烘焙紙兩端，向上拉起後，除去烘焙紙，靜置冷卻。

Notes

使用食譜示範中的長形的水果條蛋糕烤模時，烤模在烤箱中放置的方法應該是東西向。

烤模與烤模間應該留下間距，有利於烤箱內的熱循環。

以這樣放置的方式，在出爐時，如果看到蛋糕受熱面，有由深色轉淡色的漸層，這是表示，靠近烤箱門的溫度比較低，烘焙物受溫程度不同。

可以在預定烘焙時間結束前 15 分鐘，烤模 180° 調轉方向（內外的烤模位置互換），以利於糕點均勻上色。

烤模放置方式解説

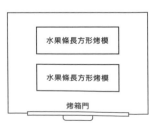

水果條長方形烤模

水果條長方形烤模

烤箱門

Notes

- 烤模鋪烘焙紙方式適合使用於長方、正方、圓形不分離式烤模。
- 鋪烘焙紙有兩個實際的優點：減少額外油脂吸收與方便脫模。
- 烤模鋪烘焙紙的準備步驟：
  1）依據烤模規模，裁剪合適大小的烘焙紙。
  2）烤模中抹上薄薄的奶油。
  3）將裁剪好的烘焙紙鋪入烤模中，烘焙紙應該緊貼烤模，方形模應該特別注意四角。
- 烘焙紙可以比烤模略高 1 ～ 2 公分，脫模時，可以抓住烘焙紙，向上拉起。
- 鋪烘焙紙前，烤模抹上少許奶油，可以幫助烘焙紙固定。烘焙紙沒有鋪平或是皺摺，都會留在完成的蛋糕上。
- 烘焙紙的材質、厚度、是否上蠟……等，會影響烘焙時間與蛋糕外體的質地。
- 使用烘焙紙時，蛋糕比較容易出現兩種烤色，包覆著烘焙紙的地方明顯地比直接受熱的上方色澤淺。
- 選用的烘焙紙如果是沒有防沾效果或是無上蠟烤紙，撕除的烘焙紙上會看到明顯的沾黏，包覆烘焙紙的蛋糕外體也看得見不平整的表面。

裝飾 *Decorations*

｜檸檬糖霜｜

01. 新鮮檸檬用刨刀刨出皮屑。小心不要刨到皮層底下白色部份。

02. 用小刷子刷下檸檬皮屑，備用。

03. 糖粉中加入少量檸檬汁，拌合。

04. 糖霜過乾時，才再次少量加入檸檬汁，直到糖霜呈現濃稠但會緩慢流動的狀態。

｜蛋糕體淋檸檬糖霜與裝飾｜

05. 使用小湯匙，在完全冷卻的蛋糕上淋上檸檬糖霜。

06. 再灑上檸檬皮屑。

07. 最後灑上開心果粒裝飾，就完成。

Notes

必須等到蛋糕完全冷卻的狀態，才能淋上檸檬糖霜。

享用&保鮮 *Enjoying & Storage*

● 酪梨蛋糕是個室溫蛋糕。不需要放入冰箱冷藏。

● 隔夜後，酪梨蛋糕中的酪梨油脂與杏仁滋味特別調和，有著讓人喜歡的淡淡杏仁香氣。蛋糕非常滋潤，滋味非常迷人。

● 夏天時間，能夠在室溫中存放約 2 ～ 3 天時間。保存時，應該放在容器中，留下小通氣孔。

寶盒筆記 *Notes*

選擇熟軟的酪梨，香味、甜度和稠蜜感都更好。

選用不同的烤模製作時，烘焙的溫度相同，但烘焙的時間不同。模具開口寬，蛋糕比較扁，蛋糕的受熱面積比較大，烘焙時間會比較短。

注意加入乾粉類後，拌合的手法與力道。

使用帶皮磨成的杏仁粉，完成的蛋糕色澤比使用脫皮杏仁磨成的杏仁粉來得深。

所磨成的杏仁粉的粗細，會在完成的酪梨蛋糕中呈現。粒子粗些，吃得到杏仁；粒子似細末，蛋糕裡有杏仁香氣，但吃不到杏仁。示範的酪梨蛋糕是使用帶皮杏仁磨成略粗的粉末。

為蛋糕淋上各種風味的糖霜，不僅僅能為糕點帶來誘人的外觀與增加糕點口感風味；糖霜也有保護與隔絕作用，能幫助蛋糕保持滋潤度，並延長賞味時間。

苦情巧克力蛋糕

Dark Chocolate Cake

黝黑深濃，苦情若情，苦裡有情，
苦中走甜，甜裡有情，甜中走深。

材料 *Ingredients* | 製作 1 個圓形蛋糕 烤模直徑 207mm

食材	份量	備註
● 蛋糕體		
低筋麵粉	160g	-
蘇打粉	1/2 小匙	-
鹽	1/4 小匙	-
原味可可粉	45g	無糖、無添加的可可粉
熱水	90ml	近沸騰溫度的開水
調溫苦味巧克力 70% 可可	45g	切碎丁，建議選用好品質的巧克力
酸奶油 12～16% 乳脂	125g	英文：Sour Cream，可以用等量的全脂希臘優格、法國酸奶油 crème fraîche、白脫牛奶取代
無鹽奶油	85g	柔軟狀態
蔗糖	140g	在台灣又稱為二砂糖
雞蛋	1 個	中號雞蛋，帶殼重量約 60g
香草糖	1 大匙	可用 1 枝香草莢，或是 1 小匙香草精代替
● 裝飾－可省略		
櫻桃甜酒	2 大匙	烘焙後，刷蛋糕體，可省略。如果忌酒，可以用 20ml 清水加 2 大匙砂糖，煮開成糖漿取代
原味可可粉或糖粉	適量	-

烤模 *Bakewares*

圓形咕咕霍夫烤模.........直徑 207mm ／容積 1.5L　　1 個　（食譜示範）
長形水果條烤模............205×115×80mm　　　　1 個

製作步驟大綱 *Outline*

奶油打發 》 糖與雞蛋交互加入打發 》 拌入巧克力可可糊 》 拌入乾粉 》 入模 》 抹平麵糊 》 烘焙

烘焙完畢 》 出爐後在網架上靜置 **15** 分鐘 》 脫模 》 刷上櫻桃甜酒（可省略）》 直到完全冷卻後，灑上原味可可粉（可省略）》 完成

製作準備 *Preparations*

摘要	説明		備註
烤箱	預熱溫度 180°C，上下溫		預熱時間 20 分鐘前
烤模	烤模抹油灑粉。奶油要薄而均勻，篩上麵粉後，多餘麵粉要倒出來。花型、線條與卡角處要特別留心，確實做好抹油灑粉，就能讓蛋糕保持完整外觀。		備用
乾粉類	低筋麵粉、蘇打粉、鹽先混合後，再過篩。 ＊蘇打粉要使用標準量匙測量，平匙為準。		備用
可可粉與熱水	準備大容器放入可可粉，再倒入熱水，手動攪拌均勻。		接續下一步
巧克力	在「可可粉與熱水」中加入切成碎丁的巧克力。攪拌直到可可粉和巧克力碎丁完全融化。		接續下一步
酸奶油	容器中再加入酸奶油，攪拌直到所有食材混合均勻。巧克力可可糊完成。		備用
蔗糖與香草糖	香草糖加入蔗糖之中，使用食物調理機，將糖打成更細的糖粒。 **Remark**：若糖粒過粗，與奶油打發時需要較長的時間。糖粒小，則容易打發。		備用
雞蛋	打散。		備用

製作步驟 *Directions*

｜苦情巧克力蛋糕｜

01. 使用電動攪拌機，低速，略微打發奶油。進行時間約 1 分鐘內。

02. 糖與雞蛋交錯加入打發。先把糖分成四份，首先加入第一份糖，電動攪拌機調整為中速，開始打發。

03. 蛋汁也分多次少量加入。每次加入後，都要確實打發。

04. 再加入糖打發、加入蛋汁打發，兩者交互進行，直到糖與蛋汁全部加入，完全打發。

05. 成為有蓬鬆感、色澤較淡的奶油糊。

06. 在奶油糊中，加入巧克力可可糊。

07. 接著改以手動方式，使用刮刀攪拌均勻。

   Remark： 加入乾粉後，請注意不要用力攪拌麵糊，不要過度操作麵糊導致麵粉出筋，進而影響完成的糕點的質地與口感。

08. 分多次加入過篩好的乾粉。加入時，請使用刮刀切拌。

09. 再從外往裡、從底部往上略微壓拌，讓乾粉與奶油可可糊結合。直到成為完全均勻光滑的麵糊。

10. 將完成的麵糊填入準備好的烤模中。先用小湯匙抹平表面，完成後，記得放在檯面上震一震，就可以進行烘焙。

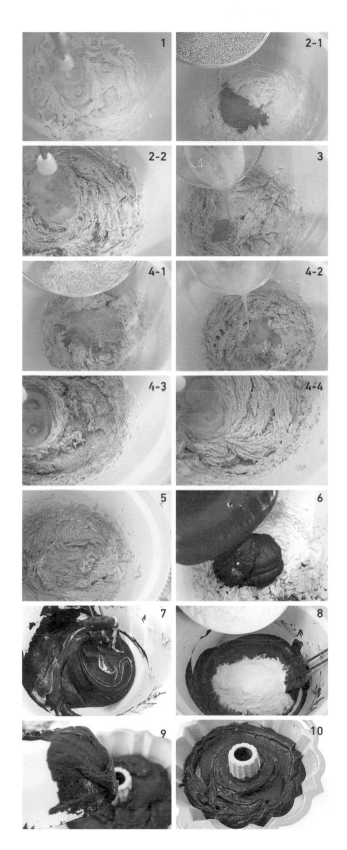

烘焙與脫模 *Baking & More*

摘要	說明	備註
烤箱位置	中下層，正中央	烤模放在烤盤上。
烘焙溫度	**180°C，上下溫**	一個溫度到完成。
烘焙時間	約 **40～50 分鐘**	直到竹籤試驗，插入蛋糕中央，完全沒有沾黏，才是完成的。
蓋鋁箔紙隔熱	如果蛋糕上色過快，烘焙 **25 分鐘**時，在蛋糕上方蓋鋁箔紙隔熱。	可以避免蛋糕上色過快。操作時，避免打開烤箱門的時間過長，以免影響烤箱內的溫度。
脫模時間	出爐後，靜置於網架上，**15 分鐘**後翻轉脫模。	-
脫模後處理方式	置於網架上，趁溫熱的時候，可以幫蛋糕刷上櫻桃甜酒。等完全冷卻，表面乾燥時，再灑上糖粉或是可可粉裝飾。	兩個步驟都可以省略。

 享用 *Enjoying*

- 苦情巧克力蛋糕是個室溫蛋糕，不需要放入冰箱冷藏。
- 隔日食用，蛋糕的滋潤度比較高。

 保鮮 *Storage*

- 蛋糕放在加蓋的容器中，是必要的，記得留下小通氣孔。
- 如果冷藏保存，食用前要放在室溫中回溫。蛋糕也可以包裝後，冷凍保存。

完成烘焙，靜置 15 分鐘後，翻轉脫模。

 寶盒筆記 *Notes*

苦情巧克力蛋糕的受熱面，是烘焙時朝上的部份，會有裂口，是食材中的蘇打粉作用的緣故，屬於正常現象。使用咕咕霍夫烤模烘焙，蛋糕是底部朝上呈現，不影響外觀。

利用可可粉製作的糕點，都會有中間特別突起的特徵，所以在麵糊入模之後，建議用小湯匙抹平中央部份，完成的蛋糕才會比較平整。

食譜中的酸奶油，在各大超級市場的乳製品部門，都可以找得到。可用以下食材等量取代：全脂希臘優格、法國酸奶油、白脫牛奶。也能用優格代替，不過應該多加入 1 大匙的麵粉，以保持食材均衡度。

選購可可粉時，應該選擇烘焙專用的原味可可粉。加入糖或是調味的可可粉，都不適合製作這個蛋糕。

烘焙完成後，在蛋糕上刷上少許的櫻桃甜酒，能給予蛋糕多層次的香氣。也可以利用果醬與水，調配比例為 1:1，可以增加蛋糕的滋潤度。

蛋糕入爐時的溫度非常非常重要，請一定確實做好烤箱預熱和溫控動作。

一般家庭小烤箱的溫度稍微偏高，請依照自家烤箱特性調整。

蛋糕的烘焙，要確實掌握適當出爐的時間，才能享受最美的蛋糕滋味。烘焙時間過長，烘焙溫度過高，或是使用旋風裝置烘焙，都會讓蛋糕失去應有的潤澤度而過於乾燥。建議在預定烘焙時間結束前 10 分鐘顧爐檢驗與測試，一旦確認蛋糕完熟，就應該立刻出爐。若將烘焙完成的蛋糕留在完全熄火的烤箱中，烤箱的餘溫，會讓蛋糕「持續烘焙」，也會讓蛋糕變得乾燥，應該避免。

| 糕點類別…奶油蛋糕／全蛋法
| 難易分類…★☆☆☆☆

楓糖核桃蛋糕

Maple and walnut cake

源於英國鄉村傳統烘焙店，
久傳至今的時光經典，以至美純粹帶進深深震動。

材料 *Ingredients*

製作 1 個橢圓形蛋糕
烤模長 215× 高 55mm

食材	份量	備註
● 蛋糕體		
低筋麵粉	125g	-
泡打粉	1 小匙	請用烘焙標準量匙準確測量，平匙為準
蔗糖	80g	在台灣又稱為二砂糖
雞蛋	1 個	中號雞蛋，帶殼重量約 60g，室溫
楓糖	40ml	使用標準量杯，請準確測量
鮮奶	60ml	使用標準量杯，請準確測量
無鹽奶油	110g	隔水加熱融化；或是使用微波爐低功率方式加熱融化成液態奶油
核桃	60g	切成大的碎粒
● 烘焙前裝飾 − 可省略		
蔗糖	1 ～ 2 大匙	在台灣又稱為二砂糖

烤模 *Bakewares*

橢圓形乳酪蛋糕固定烤模 ..... 長 215× 高 55mm　　1 個　（食譜示範）
（麵糊只能七成滿）

製作步驟大綱 *Outline*

楓糖核桃蛋糕的製作，是使用食物調理機來幫助麵糊完成乳化。所完成的蛋糕質地，比平常使用糖油打發方式的糕點，更密實而細膩。只要完成備料，整個步驟可以在 5 分鐘之內完成，所以一定要先預熱烤箱。乾粉需要混合，不必過篩。

乾粉倒入食物調理機 》 加入蔗糖攪拌 》加入打散的雞蛋、楓糖、鮮奶 》加入融化奶油 》加入核桃碎 》拌合 》入模 》震一震，抹平麵糊 》灑上蔗糖（可省略） 》烘焙
烘焙完畢 》出爐後靜置在網架上，15 分鐘後脫模 》完成

製作準備 *Preparations*

摘要	説明		備註
烤箱	預熱溫度 160°C，上下溫		預熱時間 20 分鐘前 **Remark**：整個步驟操作，會在 5 分鐘完成，務必先預熱烤箱。
烤模	抹油灑粉，或是鋪烘焙紙。這裡示範抹奶油、灑麵粉，多餘的麵粉要倒出。		備用
乾粉類	麵粉與泡打粉請仔細混合。		備用
無鹽奶油	先切小塊，用溫水盆方式，隔水融化。或是使用微波爐，設定低功率，以 30 秒為加熱單位，避免過度加熱。		等奶油略微冷卻後才能使用。融化奶油溫度不要高於 40°C
濕性食材	將雞蛋、鮮奶、楓糖一起打散。		備用
核桃	切成大顆粒，稍微在乾鍋上乾烘。 **Remark**：經過乾烘的核桃，香氣較好。直接使用生核桃也可以。		備用

製作步驟 *Directions*

| 蛋糕體 |

必備工具：食物調理機

01. 在食物調理機中先放入乾粉，再加入蔗糖。

02. 食物調理機使用中速，時間約 30 ～ 40 秒，攪拌粉與糖。完成後的粉與糖均勻混合。

03. 一次性地加入已經打散混合的濕性食材。

04. 食物調理機使用中速，時間約 30 ～ 40 秒，進行攪拌。蛋麵糊的質地會呈現濃稠狀，完成這個步驟時，還略看得到蔗糖糖粒，記得刮盆。

05. 一次性地加入融化的奶油。食物調理機一樣使用中速，時間約 10 ～ 20 秒。

06. 完成後，將麵糊從調理機倒至大容器中，麵糊的狀態是呈現均勻而濃稠。

07. 加入所有的核桃碎，改以手動方式混合材料。使用橡皮刮刀，從底部翻拌，直到成為一個均勻混合的麵糊。

08. 填入事先準備好、抹油灑粉的烤模中，麵糊高度約為七分滿（不要超過八分滿）。食材中使用了泡打粉，在烘焙過程中，會向上膨脹，麵糊不宜裝填過滿，以免溢出。

09. 填入後，烤模在桌上震一震，讓麵糊平整。

| 烘焙前裝飾 - 可省略 |

10. 在麵糊上方灑上 1 大匙的蔗糖，即完成，可以入爐烘焙。

烘焙與脫模 *Baking & More*

摘要	說明	備註
烤箱位置	下層	使用烤盤。
烘焙溫度	160°C，上下溫	一個溫度到完成。
烘焙時間	45～50 分鐘	直到竹籤試驗，插入蛋糕中央，完全沒有沾黏，才是完成的。
蛋糕劃口	不需要	如果烤箱溫度不穩定的話，請不要做這個動作，讓蛋糕自然開裂就好。示範的蛋糕，沒有做這個步驟。
蓋鋁箔紙隔熱	如有需要，烘焙結束前 15 分鐘，可以在蛋糕上方蓋鋁箔紙隔熱。	使用楓糖與蜂蜜製作的糕點，烘焙後的色澤較深，是正常現象。示範的蛋糕沒有做這個動作。
脫模時間	出爐後，靜置在網架上，15 分鐘後脫模。	-

享用 *Enjoying*

- 楓糖核桃蛋糕是一個室溫蛋糕，適合室溫享受。
- 建議應該等待 24 小時，至少等隔夜再享用，讓蛋糕中的食材相互調和，釋放更美的滋味。
- 如因氣候關係，蛋糕可放入冰箱冷藏，只要在食用前 30 分鐘取出，留在室溫中回溫即可。

 # 保鮮 *Storage*

- 蛋糕放在加蓋的容器中，是必要的，記得留下小通氣孔。
- 在冬天時，蛋糕可以在室溫保存約 7 天。在夏天時，室溫 25°C 以下、乾燥環境，可以保存 4～5 天左右。
- 楓糖核桃蛋糕非常適合事先烘焙，或是作為伴手禮。等到冷卻後，仔細密封後冷凍，食用前一晚，再放入冰箱冷藏，慢慢解凍回溫。

寶盒筆記 *Notes*

核桃

核桃中所含的油脂約在 60%，如果保存方式不當，容易產生油耗味。使用前要檢查核桃品質。

核桃果實內的色澤越偏乳白色，表示果實越新鮮。時間越長，核桃果實色澤會變黃，色澤越深。如果果實是黑色，也有油耗味，表示已經不能食用。

食用核桃前，要先揀選除去乾縮的、變色的、變味的核桃。

核桃應該放在密封的盒子中保存。即使奧地利氣溫比亞洲低，個人還是採取冰箱冷藏方式保存，以確保核桃的新鮮品質。密封包裝好後的核桃，可以冷凍方式保鮮 12 個月。

如果核桃磨成細粉，保存時間會減短，冰箱冷藏可以保鮮 4 週時間。

楓糖

Q 楓糖，可以用蜂蜜替換嗎？

A 可以。蜂蜜的甜度與質地與楓糖相似，可以用等量的蜂蜜來取代楓糖。當然，我們都瞭解，即使楓糖與蜂蜜質地相似，但是味道十分不同，糕點也會因此有著不同風味。

Q 楓糖，可以取代糖嗎？

A 可以與不可以。楓糖的甜度比糖高，必須減量使用。舉例：食譜需要 100g 細砂糖時，以楓糖替換時，只需要 65g 的楓糖就可以。因為楓糖是液體的，所以必須注意調整濕性食材比例，才能擁有理想的成品。烘焙中所使用不同的糖，帶給糕點不同的甜度、風味、色澤、質地。不同的糖在特定的糕點製作中，也有不同「功能性」。並不能完全用楓糖來取代其他的糖。

Q 楓糖，還能用什麼替換？

A
1）加入楓糖香精的玉米糖漿。
2）蔗糖加水。
3）蔗糖糖蜜，或是甜菜糖蜜 Molasses。
4）龍舌蘭糖漿加水。
備註：食材的甜度與水分含量不同，不能等量替換。

不同的食材，給予糕點不同的滋味。有很多食材的確可以替換，但是，即使是小小的差異，卻能造成很不相同的味感成果。

抹茶杏仁蛋糕

Saftiger Matcha Mandelkuchen

淺淺茶香，深深滋味；
輕輕潤心，淡淡留情。

材料 *Ingredients*

製作 2 個長形蛋糕
烤模 151×67×67mm

食材	份量	備註
● 蛋糕體－蛋白部份		
雞蛋 _ 蛋白	4 個	冰的，從冷藏室取出使用；中號雞蛋，帶殼重量 60g
鹽	刀尖量	-
細砂糖	80g	請使用白色細砂糖
香草糖	1 大匙	可以用 1 小匙香草醬或香草精代替，半枝新鮮香草莢更好
● 蛋糕體－蛋黃部份		
雞蛋 _ 蛋黃	4 個	室溫，中號雞蛋，帶殼重量 60g
無鹽奶油	65g	融化奶油成液態。使用隔水加熱或是微波爐加熱方式，避免過度加熱。使用時，奶油溫度不要超過 40°C
低筋麵粉	50g	-
玉米粉	35g	英文：Corn Starch，可用等量的低筋麵粉替代
泡打粉	1 小匙	平匙。雖用分蛋法製作，不過因為杏仁細粉的關係，少許泡打粉能增加蛋糕的蓬鬆度
杏仁磨成的細粉	85g	原味杏仁磨成的細粉，無糖。也可以使用製作馬卡龍的杏仁粉
● 蛋糕體－抹茶部份		
抹茶粉	10g	烘焙用抹茶粉，不建議使用抹茶加味粉與調味粉
● 裝飾用食材－可省略		
糖粉	適量	-
抹茶粉	適量	-

備註：可以按照比例調整大份量製作，不過，一定要用小份量、小烤模、恆溫烘焙，才能保持蛋糕的品質、優質色澤、滋潤度以及正確口感。

備註：使用香草醬或香草精時，應在「蛋糕體－蛋黃部份」，完成加入融化奶油步驟後，才加入香草醬或香草精。

烤模 *Bakewares*

長形水果條烤模 ....151×67×67mm   2 個   （食譜示範）

製作步驟大綱 *Outline*

製作蛋白霜：蛋白打粗泡 》加入鹽 》分次加入糖 》打發
製作蛋黃糊：蛋黃攪拌成糊 》加入融化奶油
蛋白霜與蛋黃糊拌合：取 **1/3** 的蛋白霜加入蛋黃糊 》將混合後的蛋白蛋黃糊，全部加入剩下的蛋白霜中
　　　　　　 》分多次加入乾粉拌合 》取出約 **130g** 麵糊，加入抹茶粉 》均勻拌合
大理石花紋：杏仁麵糊與抹茶麵糊交叉入模 》抹平麵糊 》烘焙
烘焙完畢 》出爐後在網架上靜置 **15** 分鐘 》脫模 》靜置於網架上，直到完全冷卻 》灑上糖粉或是抹茶粉
　　　（可省略）》完成

製作準備 *Preparations*

摘要	説明		備註
烤箱	預熱溫度 170°C，上下溫		預熱時間 20 分鐘前
烤模	抹奶油灑麵粉，或是鋪烘焙紙。奶油要薄薄的，麵粉建議使用中筋或是高筋麵粉，用篩子篩上後，多餘的麵粉要倒出來。		備用
乾粉類	低筋麵粉、玉米粉、泡打粉先混合後，再過篩。		備用
抹茶粉	抹茶粉在使用前，必須過篩，才不會結團。		備用

製作步驟 *Directions*

| 蛋白霜－蛋糕體蛋白部份 |

01. 準備製作蛋白霜的所需食材，蛋白是冰的（冷藏溫度）。

02. 使用電動攪拌機，以低速將蛋白先打出粗泡。

> **Remark**：想要成功打發蛋白，首先，所有器皿、用具、攪拌棒、甚至手，都要在使用前先確認，保持乾淨、無水、無油狀態。新鮮的雞蛋蛋白，比較容易打發。冰的蛋白所需要的打發時間比較長，打發完成的蛋白霜比較穩定。

03. 加入鹽。

> **Remark**：或可加入少許檸檬汁來提高蛋白的韌性，來減低蛋白霜消泡的可能。檸檬汁是份量外，沒有檸檬汁，可以用白醋取代，份量約 1 小匙。

04. 分三次加入細砂糖與香草糖，使用電動攪拌機，全段高速打發。第一次加入後，打發，直到糖完全融入蛋白。

05. 第二次加入後，打發，直到蛋白看到淺淺紋路。

06. 第三次加入後，打發。完成的蛋白霜呈現下垂的彎彎勾，是濕潤而稍微偏乾的蛋白霜（就是稍微比較硬的蛋白霜）。色澤已經略微帶有珠光色，光滑而細緻。

　　Remark：檢查容器底部，沒有流動的蛋白，才是正確的。若有流動的蛋白，就繼續打到完成為止。

｜蛋黃糊－蛋糕體蛋黃部份｜

07. 準備製作蛋黃糊的所需食材。

08. 使用電動攪拌機，以低速將蛋黃攪拌成淡黃色澤的蛋黃糊。

09. 完成時，蛋黃糊的狀態。

10. 慢慢加入融化成液態的奶油，一邊加入，一邊使用手動攪拌器畫圈式的攪拌，直到均勻。

11. 完成時的狀態。

｜蛋白霜與蛋黃糊拌合｜

12. 拌合步驟前的蛋白霜與蛋黃糊。

13. 將約為 1/3 量的蛋白霜，加入蛋黃糊中。

14. 以手動的方式，切拌，拌合。我個人是使用手動攪拌器。也可使用刮刀。

15. 再將混合後的蛋白蛋黃糊，加入至剩下的蛋白霜中。

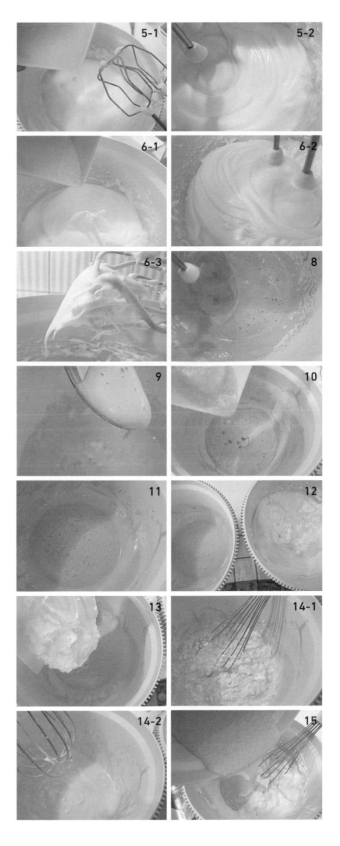

16. 一樣以手動方式，切拌，拌合。剛開始時，會見到蛋白霜是小塊狀，這是正常的。慢慢從底部拉，就會像照片的狀態。這個階段，不必攪拌得非常勻稱，因為在加入乾粉時可以再拌，過度攪拌反而會造成蛋白霜消泡。

17. 將乾粉分兩次拌入蛋糊。

Remark：杏仁粉與乾粉如果一次加入麵糊中，會因為濕度不夠，而無法拌勻。若是用力一直攪拌，結果會造成麵粉出筋，直接影響成品的品質、外觀與口感。

18. 最後加入杏仁粉。拌入乾粉與杏仁粉時，拌合的手法很重要。使用橡皮刮刀時，是翻拌（從底部往上），加壓拌（從外往中間壓）。使用手動攪拌器時，是拉拌（從底部拉起來），再拉拌（再次從底部拉起來）。

| 蛋糕體抹茶部份製作＋入模 |

19. 取出約為 130g 的麵糊，加入過篩後的抹茶粉。仔細攪拌，直到均勻。

Remark：抹茶粉容易吸收潮氣，如果沒有過篩，會在加入麵糊時，見到小結塊，容易因此過度攪拌而造成麵糊消泡。使用沒有過篩的抹茶粉，在完成的蛋糕上，會明顯地看到綠色的點點。有些步驟看起來不重要，不過，在成品上會看到差異。

20. 完成的抹茶麵糊。

Remark：某些抹茶粉的質地比較乾燥，會吸收麵糊中的水分。如果發現抹茶麵糊太乾，可以加入一點水或是鮮奶。每次以少量的半小匙、半小匙方式，慢慢地加入，只有在太乾時才加，如果麵糊質地濃稠但是可以流動，就不要加水。

21. 杏仁麵糊與抹茶麵糊，交叉填入已抹油灑粉的烤模中。每個烤模中的麵糊重量約為 250g，約為七分滿。完成後，烤模放在桌上震一震，讓麵糊平整，就可以入爐烘焙。

Remark：交換兩種麵糊入模的順序，可以做出不同的大理石花樣。第一種是，杏仁麵糊為底，中間是抹茶麵糊，上方再加杏仁麵糊。第二種是，抹茶麵糊為底，上方是杏仁麵糊。

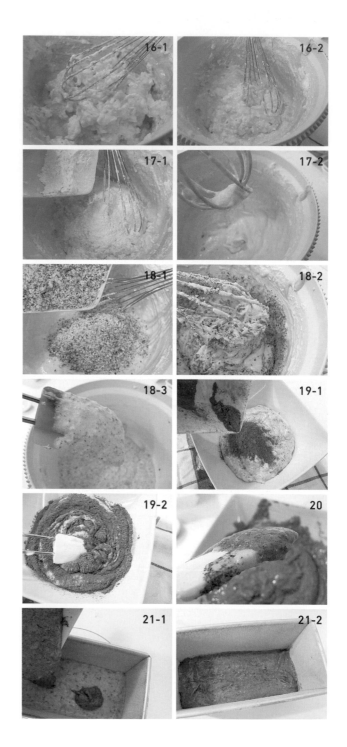

烘焙與脫模 *Baking & More*

摘要	説明	備註
烤箱位置	中下層，正中央	烤模放在烤盤上。
烘焙溫度	**170°C**，上下溫	一個溫度到完成。
烘焙時間	總計約 **40 ～ 45 分鐘**	直到竹籤試驗，插入蛋糕中央，完全沒有沾黏，才是完成的。
蛋糕劃口	可以在入爐 **20 分鐘**後，用尖利的小刀，在蛋糕中央劃出開口。	烤箱溫度不穩定的話，請不要做這個動作，讓蛋糕自然開裂。示範的蛋糕沒有做這個步驟。
蓋鋁箔紙隔熱	需依實際狀況判斷。若要在蛋糕上方蓋鋁箔紙隔熱，建議在烘焙 **30 分鐘**後。	可以避免蛋糕上色過快。操作時，避免打開烤箱門的時間過長，以免影響烤箱內的溫度。
脫模時間	出爐後，讓烤模側躺，靜置於網架上，**15 分鐘**後脫模。	-
脫模後處理方式	置於網架上，直到完成冷卻，再用篩子篩上糖粉或是抹茶粉，就完成。	-

🍴🍽 享用&保鮮 *Enjoying & Storage*

- 抹茶杏仁蛋糕是個室溫蛋糕。不需要放入冰箱冷藏。

- 建議給予蛋糕至少隔夜的時間，讓蛋糕中的杏仁、抹茶、奶油融合調和，釋放讓人喜歡的滋潤口感。

- 夏天時間，能夠在室溫中存放約 2 ～ 3 天時間。保存時，應該放在有蓋的容器中，留下小通氣孔。

出爐後，側躺於網架上的抹茶杏仁蛋糕。

📝 寶盒筆記 Notes

選用不同的烤模烘焙，因烤模材質與導熱度不同，烘焙的溫度相同，烘焙的時間不同。開口寬的烤模，蛋糕比較扁，蛋糕的受熱面積比較大，烘焙時間會比較短。

注意加入乾粉類後，拌合的手法與力道。

杏仁粉與玉米粉都沒有筋性，並沒有支撐力，雖然打發蛋白至半乾性蛋白，但膨脹度有限，因此加入泡打粉，可以增加蛋糕的蓬鬆度，減低出爐後回縮的程度。

糖的份量已經經過調整，不宜再減少，會影響蛋白霜的穩定度，進而影響蛋糕的濕潤度。

所使用的糖，會影響蛋白霜質地。不建議使用粗砂糖與二砂糖，因為砂糖顆粒過大，不容易融化，需要用更長的時間完成蛋白霜打發。

蛋白霜不能打到太乾、太硬。這樣的蛋糕麵糊在烘焙過程中會膨脹得過高，出爐後會塌陷。如果蛋白霜打得過硬、過乾燥，蛋糕完成後，從質地上看得到比較大的孔洞，雖然不影響味道，不過口感上會比較乾口。這樣的話，當天就不那麼好吃，最好先放一放，等第二天回潤後再食用。

使用帶皮杏仁或是去皮杏仁磨成的杏仁細粉，都可以。也可以使用製作馬卡龍的杏仁細粉。如果使用去皮杏仁粉，完成的蛋糕色澤會更淡。我使用的是帶皮杏仁的細粉。

所磨成的杏仁粉的粗細，也會在完成的蛋糕中呈現。粒子粗些，吃得到杏仁。粒子似細末，蛋糕裡有杏仁的香氣，吃不到杏仁。示範的蛋糕是使用帶皮杏仁磨成略粗的粉末。

請使用好品質的抹茶粉。烘焙用抹茶粉，經過高溫烘焙還是能保持很好的抹茶滋味與色澤。示範使用的是日本小山園的青嵐抹茶粉。

這個食譜可以按照比例調整大份量製作，不過，一定是用小份量、小烤模、恆溫烘焙，才能保持蛋糕的品質、優質色澤、滋潤度以及正確口感。

因為奶油蛋糕的烘焙時間比較長（超過 30 分鐘），烘焙時使用高溫（超過 150°C），部份有膨鬆劑（例如：泡打粉和小蘇打粉）等因素。所以，即使是不沾烤模，也建議抹油灑粉，這樣一來，不光是脫模方便，也可以保護烤模，不傷害烤模表層的護膜。

蛋糕入爐時，烤箱溫度應達到理想溫度，才能完成理想的成品。

蛋糕食材中使用了泡打粉，所以在烘焙過程中，會向上膨脹，因此麵糊不可裝填過滿（七分滿是極限，若麵糊過滿，蛋糕會變形）。不論是烤模過小或麵糊過滿，烘焙過程中，會導致麵糊溢出來，也因為蛋糕上方無法結殼，所以會延長烘焙時間，所完成的蛋糕會變形。

淺談
奶油蛋糕

烘焙
保存篇

01. 選擇合適的烤模搭配食譜很重要。烤模的質地、大小、厚薄、容量、深度……都會直接影響烘焙溫度與時間,進而影響成品。簡單的說,選用的烤模如果比食譜書的示範烤模來得較寬、較大,麵糊的高度會比較淺,因此受熱面積大,烘焙時間會比較短。相對的,烤模較為深窄,應該稍微降低烘焙溫度,避免外緣焦殼過快,略微拉長烘焙時間,這樣才能讓蛋糕中心的麵糊也能確實烘焙。

02. 烘焙流程要點:

烤箱預熱

→ 以最適當的烘焙溫度,烘焙

→ 在最佳出爐時間,出爐

重點:顧爐、顧爐、顧爐

03. 奶油蛋糕應該放在烤箱中的中層或是下層烘焙(不是烤箱的底部,蛋糕不能直接放在烤箱的底部烘焙)。麵糊因為裝在烤模中,應該讓蛋糕下方充份受熱,這樣可以避免直接受熱的上方不致於上色太快而焦黑。

04. 奶油蛋糕應該在溫度 175 ～ 200°C 之間進行烘焙。烘焙糕點,如果使用旋風裝置,由於熱風扇的循環功能,讓實際溫度會比較高,因此使用時應該減少 20°C。舉例:食譜建議烘焙溫度 180°C,使用旋風裝置時,就應該以 160°C 來烘焙。另外,旋風裝置所烘焙出的蛋糕,口感上會比較乾燥。

05. 烘焙時,溫度是從外慢慢進入蛋糕的中心點,這也是為什麼,在測試蛋糕是不是完全烤熟的時候,是測試正中央的部份。使用的家庭烤箱,一般而言,烤箱內部的溫度會比靠烤箱門邊的溫度高。所以在測試時,靠烤箱門的那一邊,也應該仔細測試確認。

06. 烘焙,一如烹飪,講究火候,一旦烘焙完成,就應該出爐。過度烘焙,蛋糕沒有理想的濕潤度,口感上會乾;如果烘焙到焦黑程度,有可能必須丟棄整個蛋糕。

07. 蛋糕要等到靜置在網架上,完全散熱、完全冷卻之後才能夠做以下的動作:包裝、裝盒、冷藏、切片、淋巧克力醬、淋糖霜、抹奶油霜或是乳酪糖霜、夾餡…… 等等。

保存要領

● 蛋糕分為室溫蛋糕與冷藏蛋糕。蛋糕容易吸收環境中的氣味,所以無論是哪一種蛋糕,都應該放在乾淨蛋糕盒中保存。蛋糕的保存時間,因蛋糕有無使用鮮果與乳製品、裝填餡料、淋醬……等因素,而有差異。

● 蛋糕盒的質地以陶瓷、玻璃與金屬製品為宜,容易保持乾淨與乾燥者為優。

● 冷藏蛋糕,即使使用保鮮膜仔細密封後,再放入保鮮盒中保存,蛋糕都會因冷藏而變乾。

● 冷凍,是長時間保存蛋糕的方法。蛋糕在冷凍前,先要仔細密封後,再放入保鮮盒,在雙層保護下,蛋糕才不會因為在冷凍庫中吸收異味或是滲入水氣,而影響蛋糕的風味。

● 室溫蛋糕,應該選擇室內陰涼乾燥,而且沒有陽光直射的地方放置。

● 一般奶油蛋糕在靜置 24 小時後,經過食材中和,口感會回潤,不至於乾口。若是喜歡比較濕潤的蛋糕,可以使用以下的方法來增加蛋糕的濕潤度,像是搭配糖霜、果醬、鮮奶油、奶油糖霜、冰淇淋、蜂蜜、楓糖……等食材;或是,在蛋糕儲存盒中放一片蘋果片,必須注意蛋糕的味道必須與蘋果搭配,才不會影響蛋糕本身的美味。

● 切片後的蛋糕比起沒有切開的蛋糕,容易變得乾燥,且散失香氣,甚至腐壞。希望保持切片蛋糕的質地,並且延長切片蛋糕的賞味期,可以採用在切片蛋糕的切面上貼玻璃紙或是烘焙紙的方法。

無花果巧克力蛋糕

Schokoladenkuchen mit Feigen

巧克力以其內韻的火花，
融化無花果的不意矜持。

材料 *Ingredients*

製作 2 個長形蛋糕
烤模 210×67×55mm

食材	份量	備註
● 蛋糕體		
低筋麵粉	75g	-
原味可可粉	40g	無糖、無添加的可可粉
泡打粉	2g	-
鹽	1 小撮	拇指與食指可以捏起來的份量
糖粉	110g	-
無鹽奶油	100g	隔水加熱，融化奶油成液態。使用時，溫度不可超過 40°C
雞蛋	1 個	中號雞蛋，帶殼重量約 60g，室溫
蛋黃	2 個	中號雞蛋，帶殼重量約 60g，室溫
君度橙酒	35ml	法文：Cointreau，甜味酒。也可以用其他核果類的甜酒
蔓越莓乾	100g	半乾燥，切大丁
糖漬檸檬皮丁	50g	半乾燥，切大丁。也可以用糖漬橘皮
糖漬無花果	150g	瀝乾，切半。糖漬無花果做法請參考 P302
備註：可替換自己喜歡的果乾製作。		
● 酒糖液－請不要省略		
清水	30ml	-
細砂糖	35g	-
君度橙酒	2 人匙	法文：Cointreau，甜味酒

備註：忌酒的話，可以在 4 大匙杏桃果醬中，加入 2 小匙的熱水，攪拌均勻後，取代酒糖液來使用。如果使用蘭姆酒替代君度橙酒，搭配蔗糖（二砂糖）滋味更濃郁。

烤模 *Bakewares*

長形水果條烤模............210×67×55mm　　2 個　（食譜示範）

製作步驟大綱 *Outline*

無花果巧克力蛋糕的製作，是使用食物調理機來幫助麵糊完成乳化。所完成的蛋糕質地，比平常使用糖油打發方式的糕點，更密實而細膩。只要完成備料，整個步驟可以在 5 分鐘之內完成，所以一定要先預熱烤箱。乾粉需要混合，不必過篩。

乾粉與糖混合 》 加入雞蛋 》 倒入君度橙酒 》 加入融化的奶油 》 拌入果乾 》 填入烤模 》 放上糖漬無花果 》 烘焙

烘焙完畢 》 靜置 15 分鐘後，脫模 》 立即刷上酒糖液 》 蛋糕包上保鮮膜 》 冷藏或是冷凍 》 完成

製作準備 *Preparations*

摘要	説明		備註
烤箱	預熱溫度 170°C，上下溫		預熱時間 20 分鐘前
烤模	抹油灑粉，或是鋪烤紙。示範抹奶油、灑麵粉，多餘的麵粉要倒出。		備用
乾粉類	麵粉、可可粉、泡打粉與鹽仔細混合。		可可粉容易吸取潮氣，使用前，一定要過篩
無鹽奶油	切小塊，用溫水盆方式，隔水融化。或是使用微波爐，採取低功率，以 30 秒為加熱單位，避免過度加熱。奶油呈現透明狀即可。		等奶油略微冷卻後才能使用。融化奶油溫度不要高於 40°C
蔓越莓乾與糖漬檸檬皮丁	如果使用的果乾非常乾燥，可在果乾中加入 1～2 大匙的清水（份量外），放進微波爐中稍微加熱。		加熱時間不可以過長，溫度不宜過高。加熱溫度約至體溫，幫助果乾軟化、浸漬
君度橙酒	使用標準量杯，仔細測量。		備用
雞蛋	雞蛋與蛋黃打散。		備用

製作步驟 *Directions*

| 蛋糕體 |

必備工具：食物調理機

01. 在食物調理機中加入所有的乾粉。

02. 加入糖粉，使用中速攪拌，時間約 10 ～ 30 秒，直到混合。

03. 一次性地加入已經打散的雞蛋。

04. 使用中速攪拌，時間約 30 秒，直到蛋麵糊 的質地呈現濃稠狀。完成這個步驟時，記得 刮盆。

05. 加入君度橙酒。

06. 加入融化的無鹽奶油，繼續使用中速攪拌， 時間約 10 ～ 15 秒。

07. 乳化完成的麵糊，有著滑順質地，並且有很 好的亮度。

08. 加入蔓越莓乾與糖漬檸檬皮丁。

09. 改以手動方式，使用橡皮刀從底部翻拌，直 到成為一個均勻混合的麵糊。

10. 填入事先準備好已抹油灑粉的烤模中。在每 個烤模中，麵糊的重量約為 310 ～ 320g， 高度約為五分滿。由於蛋糕食材中使用了泡 打粉，在烘焙過程中，會向上膨脹，所以麵 糊不可裝填過滿。完成後，烤模放在桌上震 一震，讓麵糊平整。

11. 在麵糊上擺放片開的糖漬無花果。

　　Remark：無花果不必瀝乾。擺放時不要將無花 果壓入麵糊，烘焙完成後，麵糊上升就很自然地 包住無花果。

烘焙與脱模 *Baking & More*

摘要	説明	備註
烤箱位置	中下層	使用烤盤。
烘焙溫度	170°C，上下溫	一個溫度到完成。
烘焙時間	40～45 分鐘	直到竹籤試驗，插入蛋糕中央，完全沒有沾黏，才是完成的。
蓋鋁箔紙隔熱	烘焙結束前 15 分鐘，可以考慮在蛋糕上方蓋鋁箔紙隔熱。	示範的蛋糕沒有做這個動作。
脱模時間	出爐後，讓烤模側躺，靜置 15 分鐘。	如使用非長形烤模，靜置於網架上即可。
脱模後處理方式	15 分鐘後脱模，置於網架上，刷上準備好的酒糖液。	-

烘焙完畢出爐，以及脱模的蛋糕。

| 酒糖液 |

12. 取一只小鍋，倒入清水。清水中加入砂糖，用小火熬煮到沸騰，確定所有的糖都溶解後，就可以離火。

13. 離火後，倒入君度橙酒，搖晃小鍋，混合均勻即完成。

    Remark：製作酒糖液的酒，一定要在糖完全於清水中溶解後，且容器離火後加入。加入時間太早，酒在熬煮過程中會揮發掉。

    ＊特別備註：忌酒的話，可以在 4 大匙杏桃果醬中，加入 2 小匙的熱水，攪拌均勻後，取代酒糖液來使用。

| 蛋糕體刷酒糖液 |

14. 使用小刷，在剛剛脱模還有熱度的蛋糕上刷上酒糖液。每一面都要仔細刷到，蛋糕的上方因為直接受熱，會比較乾燥，建議重複刷，直到酒糖液完全用完。

15. 刷完酒糖液的蛋糕，可以用保鮮膜包起來後，放入冰箱冷藏，給予蛋糕熟成時間。

🍽 享用&保鮮 Enjoying & Storage

● 無花果巧克力蛋糕在刷完酒糖液之後，應該要用保鮮膜密封包好，冷藏或是冷凍存放，給予蛋糕約 72 小時的熟成時間。

● 這是一個室溫蛋糕，適合室溫享受。冷藏過的蛋糕應該先放在室溫中回溫後，再享用。

📝 寶盒筆記 Notes

各個廠牌的食物調理機，功率不同，需要自行依麵糊的乳化狀態調整時間。請參考步驟照片，來判斷調整操作時間。

蛋糕的備料時間比步驟操作的時間長，所以烤箱一定要先完成預熱。食物調理機操作時，一定要注意麵糊狀態。

所有果乾的大小會影響完成的蛋糕成品的質地，過大會沉底，過小無法體會味道，都不合適。

建議至少給予無花果巧克力蛋糕 3 天時間熟成，讓蛋糕口感和味道均衡而完美。

這個蛋糕是用比較低的溫度慢烘而成。進爐時的溫度很重要，蛋糕才能完成定型。

注意酒糖液準備的時間。酒糖液的製作，應該配合蛋糕出爐的時間。在蛋糕脫模後，當蛋糕還有熱度時，就要刷上酒糖液，蛋糕才會完整的吸收酒糖液的香氣，讓蛋糕擁有最好的潤澤度。

製作酒糖液的酒，一定要在糖完全於清水中溶解後，且容器離火後加入。加入時間太早，酒仁熬煮中會揮發掉。如果忌諱酒精飲料，可以使用果醬與清水來取代，步驟中有詳細說明。

無花果巧克力蛋糕是一個屬於成人口味的糕點，豐富多感的深美滋味，無花果特有的蜜釀香籽所給予的無限迴蕩，讓這個成人特享，成為最特別的甜蜜權利。

黑李蛋糕 淋紅酒釀黑李

Zwetschgen in Rotwein

紅酒釀黑李,引爆黑李蛋糕的微酸與鮮甜,
渴求穿越味感導火線。

材料 *Ingredients* | 製作 1 個長形蛋糕
烤盤 350×250mm

食材	份量	備註
● 蛋糕體－蛋白部份		
雞蛋 _ 蛋白	5 個	冷藏溫度。中號雞蛋，帶殼重量 60g
新鮮檸檬汁	1 個檸檬	-
細砂糖	100g	請使用白色細砂糖
香草糖	1 大匙	可以用 1 小匙香草精代替，半枝新鮮香草莢更好
● 蛋糕體－蛋黃部份		
低筋麵粉	200g	-
泡打粉	1 小匙	平匙。雖用分蛋法製作，少許泡打粉能增加蛋糕的蓬鬆度
無鹽奶油	200g	柔軟狀態
雞蛋 _ 蛋黃	5 個	室溫，中號雞蛋，帶殼重量 60g
細砂糖	100g	請使用白色細砂糖
新鮮黑李子	600 ～ 700g	可用杏桃、櫻桃等鮮果取代
杏仁片	20 ～ 30g	可省略
● 裝飾－可省略		
糖粉	適量	-

烤模 *Bakewares*

長形大烤盤..................350×250mm　　1 個　（食譜示範）

製作步驟大綱 *Outline*

製作蛋白霜：蛋白打粗泡 》加入 1 小匙檸檬汁 》分次加入糖
製作蛋黃糊：奶油略微打發 》分次加入糖 》加入蛋黃 》倒入剩下的檸檬汁
蛋白霜與蛋黃糊拌合：取 1/3 的蛋白霜加入蛋黃糊 》將混合後的蛋白蛋黃糊，全部加入剩下的蛋白霜中 》分多次加入乾粉拌合
入模 》放上黑李子 》灑上杏仁片 》烘焙
烘焙完畢 》出爐後靜置於網架上，直到完全冷卻 》灑上糖粉（可省略） 》完成

製作準備 *Preparations*

摘要	説明		備註
烤箱	預熱溫度 170°C，上下溫		預熱時間 20 分鐘前
烤模	抹油灑粉，或是鋪烘焙紙。示範抹奶油、灑麵粉。奶油要薄薄的，麵粉建議使用中筋或是高筋麵粉，用篩子篩上後，多餘的麵粉要倒出來。		備用
乾粉類	低筋麵粉與泡打粉先混合後，再過篩。		備用
細砂糖與香草糖	混合。		備用
黑李	洗淨、瀝乾、去籽。		備用

製作步驟 *Directions*

| 蛋白霜－蛋糕體蛋白部份 |

01. 使用電動攪拌機,以中低速將蛋白先打出
粗泡。

> **Remark**:可用冷藏溫度的蛋白。
> **Remark**:想要成功打發蛋白,首先,所有器皿、
> 用具、攪拌棒、甚至手,都要在使用前先確認,
> 保持乾淨、無水、無油狀態。新鮮的雞蛋蛋白,
> 比較容易打發。冰的蛋白所需要的打發時間比較
> 長,打發完成的蛋白霜比較穩定。

02. 加入約 1 小匙檸檬汁來提高蛋白的韌性,
減低蛋白霜消泡的可能。(沒有檸檬汁,可
用等量的白醋替代。)

03. 分三次加入細砂糖與香草糖。使用電動攪拌
機,高速打發。第一次加糖後,打發直到
糖完全融入蛋白。第二次加糖後,打發
直到蛋白看到淺淺紋路。

> **Remark**:在蛋白霜中看到明顯的紋路時,轉換
> 為低速操作,提高蛋白霜的細緻度,打發直到蛋
> 白霜達到要求的狀態。

04. 第三次加糖後,以低速打發。完成的蛋白
霜,質地較硬,有珠光色澤,屬於略偏乾的
蛋白霜。

> **Remark**:檢查容器底部,沒有流動的蛋白,才
> 是正確的。若有流動的蛋白,就繼續再打,直到
> 完成。

| 蛋黃糊－蛋糕體蛋黃部份 |

05. 使用電動攪拌機,低速,略微打發奶油。進
行時間約 1 分鐘內。

06. 分多次加入細砂糖,電動攪拌機調整為中速
打發。每次加入後,都要確實打發,直到成
為體積蓬鬆、色澤較淡的奶油糖霜。

07. 分次加入蛋黃。一次一個,確實攪拌完成,
再加下一個。

08. 完成的蛋黃奶油霜,色澤是淡黃色的,蓬鬆
而柔軟。

09. 加入剩下的檸檬汁。

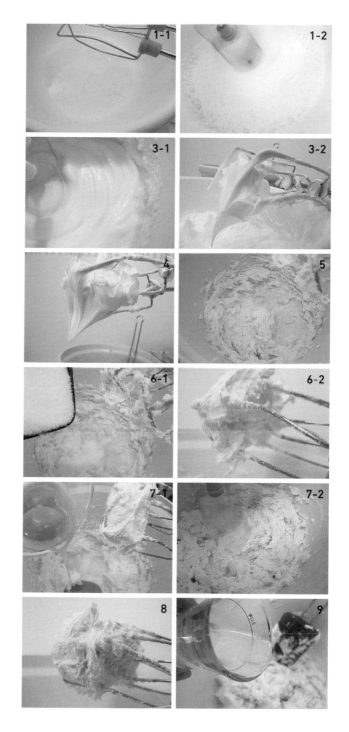

| 蛋白霜與蛋黃糊拌合 |

10. 將約為 1/3 量的蛋白霜，加入蛋黃糊中。

11. 以手動方式，切拌，拌合。

12. 再將混合後的蛋白蛋黃糊，加入至剩下的蛋白霜中。

13. 一樣以手動方式，切拌，拌合。開始的時候，會見到蛋白霜是小塊狀，這是正常的。這個階段，不必攪拌得非常勻稱，因為在加入乾粉時可以再拌。過度攪拌反而會造成蛋白霜消泡太多。

14. 乾粉分三次拌入蛋糊中，直到成為均勻狀態的麵糊。

> **Remark**：乾粉如果一次加入麵糊中，容易結成團塊，不易拌勻。如果用力一直攪拌，結果會造成麵粉出筋，直接影響成品的品質、外觀與口感。拌入乾粉時，拌合的手法很重要。使用橡皮刮刀時，是翻拌（從底部往上），加壓拌（從外往中間壓）。

| 蛋糕體入模 |

15. 將麵糊填入事先準備好、已抹油灑粉的烤盤中。完成後，烤盤放在桌上震一震，讓麵糊平整。

16. 放上剖半的黑李子，果皮部份朝下，果肉部份朝上。

> **Remark**：使用帶皮鮮果製作這樣的烤盤蛋糕時，果皮部份應該朝下，卡入麵糊中。如果果肉部份在麵糊裡，在烘焙過程中，鮮果會釋出極多水分，進而影響糕點質地。

17. 再灑杏仁片在蛋糕上方。完成後，就可以入爐烘焙。

烘焙與脱模 *Baking & More*

摘要	説明	備註
烤箱位置	中下層，正中央	大烤盤直接入烤箱。
烘焙溫度	**170°C**，上下溫	一個溫度到完成。
烘焙時間	總計約 **40 ～ 45** 分鐘	直到竹籤試驗，插入蛋糕中央，完全沒有沾黏，才是完成的。
蓋鋁箔紙隔熱	需依實際狀況判斷。若要在蛋糕上方蓋鋁箔紙隔熱，建議在烘焙 **30** 分鐘後。	可以避免蛋糕上色過快。操作時，避免打開烤箱門的時間過長，以免影響烤箱內的溫度。
出爐後處理方式	出爐後，靜置於網架上冷卻。	烤盤蛋糕一般是不需要脫模的。
脫模後處理方式	冷卻後，用篩子篩上糖粉，就完成。	-

出爐的黑李蛋糕。

享用&保鮮 *Enjoying & Storage*

● 黑李蛋糕是個室溫蛋糕，不需要放入冰箱冷藏。

● 鮮果蛋糕，一定要新鮮享受，才能真正體會鮮果的好滋味。

● 淋上事先準備好的紅酒釀黑李，滋味尤其深刻。（紅酒釀黑李的做法詳見 P306）

● 使用鮮果製作的蛋糕，都無法保存過久。因為是家庭蛋糕，所以並未在果實上使用吉利丁或是相近的材料。

寶盒筆記 *Notes*

烤盤蛋糕（德文：Blechkuchen）是奧地利最受歡迎的家庭蛋糕之一。

「烤盤蛋糕」是個統稱，主要是指利用家裡常備的基礎食材，搭配新鮮季節食材變化製作，直接以大烤盤烘焙的糕點。烤盤糕點的外型比較扁，不必脫模，多以切塊方式呈現與分享。除此之外，烤盤蛋糕也是個擁有食材簡單、操作容易、烘焙迅速、外觀樸實、滋味真純……等多項特色的家庭糕點。

以海綿蛋糕體或是維也納海綿蛋糕體為蛋糕主體的烤盤蛋糕，能夠藉著不同食材搭配，變化成各種風味不同、層次豐富，讓人喜愛的蛋糕。

黑李蛋糕食譜中所使用的蛋糕體，是個從奧地利傳統中基本的海綿蛋糕體演化而成的蛋糕體，適合搭配不同的季節鮮果來完成自己理想的蛋糕。

使用大烤盤製作的蛋糕，烤盤的深度淺，受熱面積大，所需要的烘焙時間相對地比較短，完成的蛋糕較為扁。部份烤盤蛋糕，例如黑李蛋糕，適合熱熱出爐時馬上享受，這也是它成為奧地利家庭主婦應急首選的原因之一。

大理石咕咕霍夫

Marmorgugelhupf

簡單裡，滋味深深；簡單裡，幸福深深。

材料 *Ingredients*

製作 1 個圓形咕咕霍夫蛋糕／烤模直徑 240mm
或是 1 個圓形中空蛋糕／烤模直徑 260mm

食材	份量	備註
● 蛋糕體		
低筋麵粉	200g	-
玉米粉	20g	英文：Corn Starch
調溫苦味巧克力 50% 以上可可	80g	切成碎粒。建議選用好品質的巧克力，不能使用加味巧克力
無鹽奶油	250g	柔軟狀態
新鮮檸檬皮屑	半個檸檬	建議使用有機檸檬，使用前用熱水沖洗拭乾
鹽	1 小撮	-
糖粉	50g	-
香草糖	15g	可用 1 枝香草莢替代
雞蛋 _ 蛋黃	5 個	中號雞蛋，帶殼重量約 60g
雞蛋 _ 蛋白	5 個	中號雞蛋，帶殼重量約 60g，冷藏溫度
細砂糖	200g	-
蘭姆酒 68% Vol	40ml	請使用標準量杯，準確測量
● 蛋糕裝飾		
糖粉	適量	可省略

烤模 *Bakewares*

圓形咕咕霍夫烤模.........直徑 240mm　1 個　（食譜示範）
圓形中空烤模 ....直徑 260mm　1 個
圓形小咕咕霍夫烤模......直徑 160mm　2 個

製作步驟大綱 *Outline*

製作蛋黃糊：在奶油與檸檬皮屑中，加入糖粉、香草糖與鹽後，打發成奶油糖霜 》 分次加入蛋黃 》 打發
製作蛋白霜：蛋白打粗泡 》 加入糖 》 打發
蛋黃糊與蛋白霜拌合：取 1/3 的蛋白霜加入蛋黃糊中 》 分多次加入乾粉拌合 》 將混合麵糊加入剩下的蛋
　　　　　　　　白霜中 》 取出約 1/3 的麵糊 》 加入融化巧克力 》 倒入蘭姆酒 》 均勻拌合
大理石花紋：原味麵糊與巧克力麵糊交叉入模 》 抹平麵糊 》 烘焙
烘焙完畢 》 出爐後在網架上靜置 15 分鐘 》 脫模 》 靜置於網架上，直到完全冷卻 》 灑上糖粉（可省略）
　　　　 》 完成

製作準備 *Preparations*

摘要	説明		備註
烤箱	預熱溫度 170°C，上下溫		預熱時間 20 分鐘前
烤模	烤模抹油灑粉。奶油要薄而均勻，篩上麵粉後，多餘麵粉要倒出來。		備用
乾粉類	低筋麵粉與玉米粉先混合後，再過篩。		備用
巧克力	切成小碎塊，隔水加熱融化。		備用

製作步驟 *Directions*

| 蛋黃糊－蛋糕體蛋黃部份 |

使用電動攪拌機，全程中速操作。

01. 在奶油中，加入新鮮檸檬皮屑，避免刮到皮
層底下白色帶苦味的部份。

　　Remark：建議使用有機檸檬，使用前用熱水沖
　　洗拭乾。

02. 加入糖粉與香草糖。

03. 加入鹽。

04. 慢慢打發成為蓬鬆淡色的奶油糖霜。

05. 分次加入蛋黃，一次一個。

06. 每次加入蛋黃時，都要確實打發（中間記得
刮盆），直到完成。

| 蛋白霜－蛋糕體蛋白部份 |

07. 取出冰的蛋白（冷藏溫度），使用電動攪拌
機，以低速先打出粗泡。

　　Remark：想要成功打發蛋白，所有器皿、用具、
　　攪拌棒、甚至手，都要在使用前先確認：乾淨、
　　無水、無油。新鮮的雞蛋蛋白，比較容易打發。
　　冰的蛋白所需要的打發時間比較長，打發完成的
　　蛋白霜比較穩定。

08. 分 3～4 次加入糖，使用電動攪拌機高速
攪打。每次加入糖，都要確實打發。

09. 直到攪拌器拉起蛋白霜時，有尖角，蛋白霜
是半乾燥的，堅挺略帶硬度，色澤略顯珠光
色，質地光滑。

　　Remark：
　　第一次加糖後，打發直到糖完全融入蛋白。
　　第二次加糖後，打發直到蛋白看到淺淺紋路。
　　第三次加糖後，改以低速打發。完成的蛋白霜質
　　地較硬，有珠光色澤，屬於濕性偏乾的蛋白霜。

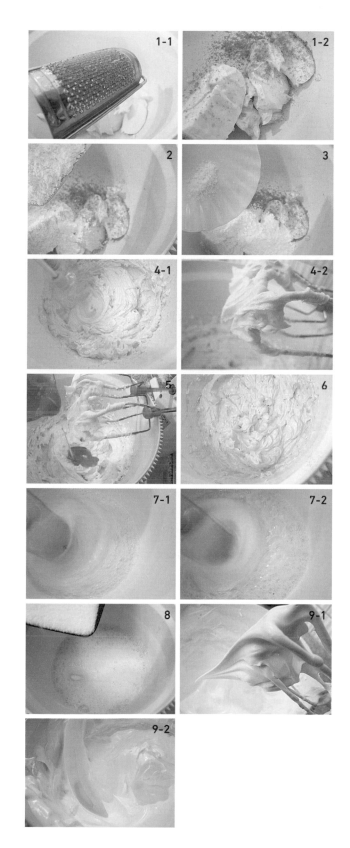

| 蛋黃糊與蛋白霜拌合 |

10. 將約為 1/3 量的蛋白霜，加入蛋黃糊中。

11. 改用手動方式，切拌，拌合。用刮刀操作。

12. 分多次加入過篩的乾粉，略微切拌與翻拌。
加入乾粉後，蛋糕會變得比較重，輕輕地
翻拌，直到均勻。如果麵糊質地過於乾燥，
乾粉拌入困難，可以視狀況，再加入少許
蛋白霜。

13. 再將混合的麵糊，加入於剩下的蛋白霜中。

14. 翻拌，直到麵糊均勻而蓬鬆。

| 蛋糕體巧克力部份製作＋入模 |

15. 取出約 1/3 ～ 1/4 量的麵糊，加入融化的巧
克力。
　　Remark：要確認融化巧克力的溫度應該手摸不
　　燙。巧克力溫度過高，容易造成麵糊消泡。

16. 加入蘭姆酒。

17. 小心拌合巧克力麵糊，直到均勻。請不要過
度操作。
　　Remark：巧克力中的油脂容易讓蛋糕消泡，一
　　定要注意翻拌的手法與程度。

18. 將巧克力麵糊填入擠花袋中。（擠花袋非必
要步驟，可省略；或可使用大湯匙直接舀麵
糊入模。）

19. 將麵糊入模。約 1/2 的原味麵糊先入底部，
再擠上巧克力麵糊。

20. 重複步驟，直到兩種麵糊全部入模。

21. 完成後，烤模放在桌上震一震，讓麵糊平
整，就可以入爐烘焙。

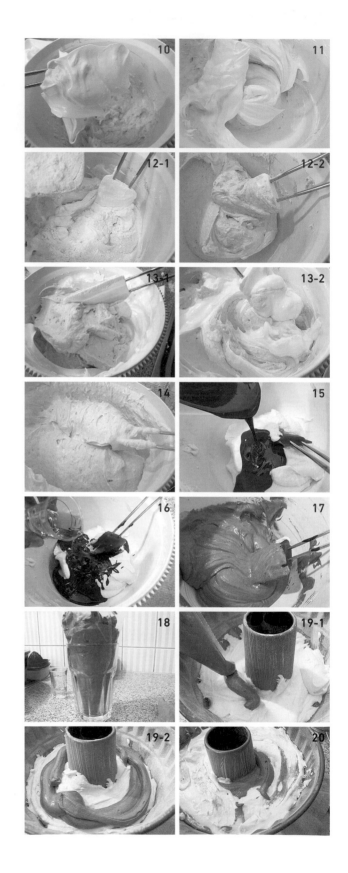

烘焙與脫模 *Baking & More*

摘要	說明	備註
烤箱位置	中下層，正中央	烤模放在烤盤上。
烘焙溫度	**170°C，上下溫**	一個溫度到完成。
烘焙時間	總計約 **55～60** 分鐘	直到竹籤試驗，插入蛋糕中央，完全沒有沾黏，才是完成的。
脫模時間	出爐後，靜置於網架上，**15** 分鐘後脫模。	-
脫模後處理方式	置於網架上直到完全冷卻。在蛋糕上灑糖粉的步驟（可省略），必須等到蛋糕完全冷卻。	-

出爐的大理石咕咕霍夫蛋糕。

享用&保鮮 *Enjoying & Storage*

- 大理石咕咕霍夫蛋糕是個室溫蛋糕，不需要放入冰箱冷藏。
- 最佳的賞味時間是在 24 小時後，大理石咕咕霍夫蛋糕經過回潤，有讓人喜歡的奶油香草與巧克力的香氣。
- 如果居住在溫度與濕度比較高的地方，例如亞洲，建議 3 天後應放入冰箱冷藏。食用前，放在室溫中回溫即可。
- 蛋糕放在加蓋的容器中，是必要的，記得留下小通氣孔。

寶盒筆記 *Notes*

正確的食材比例與操作方式，能夠讓大理石咕咕霍夫完全表現其特殊魅力。

食材中的蘭姆酒，必須選擇高濃度的蘭姆酒，它能讓麵糊鬆軟，是一個重要且不能省略的食材。在過去沒有泡打粉時，是利用高濃度酒精烈酒，讓麵糊在烘焙過程中變蓬鬆，烘焙完畢後，在糕點中留下美味的鎖匙。烈酒，是一直以來傳統糕點中的美味秘密。

蛋糕完成後，在脫模前，會看到蛋糕略微內縮，這是正常現象。

完成烘焙的蛋糕，不能留在烤模中冷卻。無法散發的濕氣，會影響糕點的質地與口感，並且會讓蛋糕縮小。

如果蛋糕回縮過多，是因為蛋白霜打發過度。

蛋糕脫模後，要等到完全冷卻，才能包裝，或是放入蛋糕盒內。蛋糕內部的熱氣如果沒有散發，蛋糕也比較容易腐壞。

利用分蛋法製作的糕點，在蛋白與蛋黃的拌合步驟上，是製作步驟中的重點。

需要利用烤模製作，經過高溫與長時間烘焙的糕點，如咕咕霍夫與水果蛋糕，在不鋪烘焙紙或無法使用烘焙紙時，都需要確實做好為烤模抹油灑粉的前置步驟。

PART

2

○ ○ ○

家 庭 甜 蜜 光 景

乳 酪 蛋 糕

○

五星級乳酪蛋糕

5 Stars Cheesecake

五星級登峰的口感，
五星級濃郁的撼動。

材料 *Ingredients*

製作 1 個圓形蛋糕
烤模直徑 200mm

食材	份量	備註
● 餅乾底		
消化餅乾	125g	餅乾處理成碎片
無鹽奶油	60g	融化奶油成液態
細砂糖	50g	-
● 蛋糕體		
乳酪 34% 乳脂肪	700g	英文：Cream cheese，原味全脂 34% 乳脂肪，室溫
細砂糖	150g	-
香草糖	1 大匙	可用香草精 1 小匙取代
雞蛋	3 個	中號雞蛋，帶殼重量約 60g，室溫
玉米粉	2 大匙	英文：Corn Starch，平匙
● 蛋糕裝飾－可省略		
鮮果	適量	如：香蕉、蘋果、櫻桃、草莓、莓果
焦糖醬	適量	焦糖醬做法詳見 P308

烤模 *Bakewares*

圓形分離式烤模 ....直徑 200mm　　1 個　（食譜示範）

製作步驟大綱 *Outline*

製作餅乾底：餅乾與糖打碎 》加入融化奶油後拌勻 》壓緊 》烘焙 》出爐冷卻備用
製作蛋糕體：乳酪攪拌至潤滑 》加入糖 》分次加入雞蛋 》加入玉米粉 》入模 》
　　　　　第一段烘焙 **165°C**，**30** 分鐘 》
　　　　　第二段烘焙 **150°C**，**45** 分鐘（或是直到完成）》
　　　　　第三段閉爐熄火，留小縫，蛋糕不脫模，留在烤箱中 **30** 分鐘
烘焙完畢 》出爐後在網架上靜置，直到完全冷卻 》蛋糕包上保鮮膜，以冰箱冷藏至少 **4** 小時，隔夜最好
　　　　》脫模 》完成

製作準備 *Preparations*

摘要	説明		備註
烤箱	預熱溫度 165°C，上下溫		預熱時間 20 分鐘前
烤模	底部鋪兩層鋁箔紙，鋁箔紙邊要多留一點，較利於脫模。建議使用分離式烤模。		烘焙紙會吸收水分，不建議使用
無鹽奶油	切小塊，用隔水加熱或是利用微波爐低功率加熱方式，融化奶油成液態奶油。避免過度加熱。		備用

製作步驟 *Directions*

｜餅乾底｜

01. 在調理機中先放入餅乾。

02. 再加入糖。

03. 用調理機攪打成碎沙狀，越碎越好。

04. 把餅乾碎倒入包好鋁箔紙的烤模中。

05. 把融化的液態奶油加入餅乾碎中。

06. 用湯匙將奶油與餅乾碎均勻混合，讓餅乾碎完全吸收奶油。

07. 利用工具將餅乾底壓緊。特別注意邊緣部份不要遺漏。

> **Remark**：務必要紮實地壓緊，加入乳酪餡料烘焙時，餅乾底才不會散開。

08. 入爐烘焙，用 165°C 上下溫，烤 10 ～ 12 分鐘，直到邊緣略微上色。

09. 取出，連同烤模靜置在網架上待冷卻。

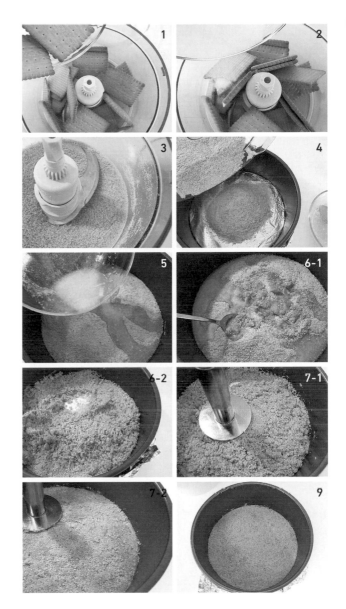

製作準備 *Preparations*

摘要	説明	備註
烤箱	預熱溫度 165°C，上下溫	預熱時間 20 分鐘前
砂糖與香草糖	混合	備用
雞蛋	打散	備用

製作步驟 *Directions*

｜蛋糕體｜

使用電動攪拌機，全程低速操作。

01. 電動攪拌機開啟低速，將乳酪攪拌至潤滑狀態。

02. 加入全部的糖。

03. 攪拌，直到糖融化。完成的乳酪糊質地滑而軟。

04. 分多次加入蛋汁。建議邊慢慢倒入，邊攪拌，直到整體均勻，不見蛋汁。

　　Remark：乳酪蛋糕中不宜拌入過多的空氣，才能保持蛋糕質地，加入蛋汁後，只要蛋汁融入乳酪，即可停止攪拌。

05. 最後加入玉米粉，以手動方式拌合，直到食材均勻融合即完成。

06. 乳酪蛋糊完成時的質地。

｜組合｜

　　Remark：在烤模內環抹上薄薄的奶油（不需要灑粉），可以幫助乳酪蛋糕在烘焙後完整脫模。

07. 將乳酪蛋糊直接倒入冷卻的餅乾底上。

　　Remark：倒入乳酪糊前，務必確認餅乾底已經完全冷卻。餅乾底如果還有熱度，倒入乳酪糊時，餅乾底容易鬆開。

08. 烤模放在桌上震一震，讓麵糊平整。完成後，入爐烘焙。

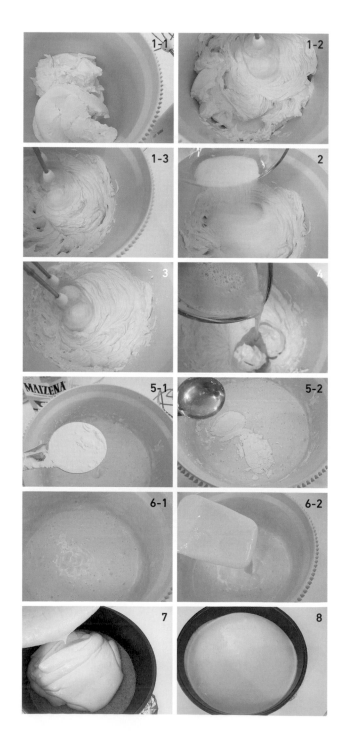

烘焙與脫模 Baking & More

摘要	說明	備註
烤箱位置	下層	放在烤盤上。
烘焙溫度	乳酪蛋糕第一段： 165°C，上下溫，30 分鐘 乳酪蛋糕第二段： 150°C，上下溫，約 45 分鐘 閉爐： 在熄火的烤箱中，開小縫，靜置 30 分鐘	＊乾烘法＊ 原預熱溫度是 165°C，蛋糕進爐 30 分鐘後，降溫到 150°C 烘焙。
烘焙時間	烘焙共約 70 ～ 75 分鐘，閉爐 30 分鐘	直到蛋糕中央不是濕潤的，才完成，可以看到蛋糕外緣明顯上色。
蓋鋁箔紙隔熱	烘焙結束前 15 分鐘，可以考慮在蛋糕上方蓋鋁箔紙隔熱。	示範的蛋糕沒有做這個動作。
脫模時間	出爐後，靜置在網架上直到完全冷卻。	乳酪蛋糕不能在冷藏前脫模，蛋糕出爐後，不要晃動。
冷卻後處理方式	蛋糕連同烤模，放入冰箱冷藏。上方要加蓋，隔絕冰箱中的氣味。	可使用鋁箔紙加蓋。
冷藏後脫模	完成冷藏後，將蛋糕脫模。再撕除底部鋁箔紙，就完成。	-
蛋糕的裝飾	完成的蛋糕可以原味享受，或是搭配櫻桃醬、焦糖醬與不同鮮果。	-

脫模，一定要等乳酪蛋糕冷藏定形之後再脫模。
1. 完成冷藏後的乳酪蛋糕。
2. 烤模的底部放一個罐頭，如果烤圈沒有抹油，用小刀再次在蛋糕與烤模間劃一圈。
3. 鬆開蛋糕圈後，小心將蛋糕圈向下壓。
4. 蛋糕上方先蓋烘焙紙，再蓋上一個平盤子。
5. 翻轉過來。底部朝上。去除包著鋁箔紙的烤模底。
6. 去除烤模底後，乳酪蛋糕的底部。再小心翻轉過來，餅乾底朝下，除去上方的烘焙紙，完成。

🍴 享用&保鮮 *Enjoying & Storage*

- 五星級乳酪蛋糕需要冷藏保存。乳酪放在室溫中的時間過長，即使乳酪已經經過高溫烘焙，還是比較容易腐壞。

- 冷藏溫度的乳酪蛋糕，與經過 10～15 分鐘室溫回溫後的乳酪蛋糕，都讓人喜歡。

- 所有的糕點與乳製品，因為容易吸收環境中的氣味，存放時，都一定要使用有蓋的容器，才能讓糕點保持最好的滋味。每天記得要檢查冷藏的乳酪蛋糕，並抹除容器內的水氣，可以延長乳酪蛋糕的保存期。

- 乳酪蛋糕可以冷凍方式保存。冷凍前，乳酪蛋糕應該先至少冷藏 4 個小時，蛋糕定型後，仔細密封包裝後，再冷凍。以冷凍方式保鮮的乳酪蛋糕約有 2 個月賞味期。

- 冷凍後的乳酪蛋糕，食用前應該移至冷藏室內慢慢解凍。如果直接在室溫中解凍，通常蛋糕外緣已經軟化，而蛋糕中心仍然是低溫，會影響蛋糕的質地與口感。

📝 寶盒筆記 *Notes*

烤好的乳酪蛋糕，會略微回縮，是正常的。

餅乾底不宜太薄。若減少奶油的份量，乾燥沒有黏著的餅乾碎，無法支撐烘焙後乳酪的重量，容易導致蛋糕散架。

蛋糕在冷藏完成前，不可脫模。

五星級乳酪蛋糕全程採用乾烤。不是水浴法，不需要準備水盆，不是使用蒸氣方式製作。

烤箱的溫度非常重要，烘焙時，蛋糕應該放在烤箱下層，可以減緩蛋糕上色速度。

蛋糕冷藏時，一定要加蓋。乳酪容易吸納冰箱中的食物氣味，如不加蓋，會嚴重影響乳酪蛋糕的味道。

乳酪，可以生食，所以沒有所謂熟不熟的問題。即使如此，烘焙乳酪蛋糕時，烤箱溫控是非常重要的。如果一旦看到乳酪經過烘焙開始產生過度膨脹的現象，就要降溫，或是用打開爐門再馬上關門的方法，讓烤箱降溫一下。

如果沒有適時降溫，就會有蛋糕中間爆裂的可能。

冷卻後的蛋糕中間會比外緣低陷，這是正常的現象。經過冷藏後，乳酪蛋糕熟成，蛋糕質地就會自然地變得細膩而濃郁。

蛋糕如果不能一次食用完，冷藏時，蛋糕盒內會產生水蒸氣，記得每天用乾布擦乾內部水氣，蛋糕才能保持應有的質地。

乳酪蛋糕的製作問題

1）餅乾底在烘焙中發生滴油現象：

- 建議使用消化餅乾，不可使用油脂含量過高的餅乾。
- 不可使用液態油（如沙拉油）。
- 餅乾碎末，越細越好。拌入融化奶油時，讓餅乾碎均勻吸收奶油。
- 餅乾底要經過烘焙。烘焙後，要等冷卻了才使用。

2）餅乾底脫底：

- 餅乾底在加入奶油時，沒有均勻的拌合。
- 餅乾底沒有用重物壓緊。
- 倒入乳酪時，餅乾底還有熱度。
- 減少了奶油的份量。

3）蛋糕質地出現大小孔：

- 乳酪糊加入雞蛋後，只要攪拌均勻就可以。
- 攪拌時間不可過長，也不要用電動攪拌機高速攪拌。因為當乳酪中被打入太多空氣時，烘焙後，就會出現粗糙的空隙。

4）以乾烤方式製作的乳酪蛋糕：

- 乾烤，傳統烘焙方式，特徵是不加鋁箔紙，不加水盆，不用蒸氣。乾烤的乳酪蛋糕比蒸氣製作的蛋糕多了更多的香氣。
- 乾烤方式製作，是不用另外包鋁箔紙的。示範中看到的鋁箔紙是為了簡易脫模的緣故。
- 鋁箔紙有隔絕功能，會影響蛋糕底部受熱。

5）烘烤與燜爐：

烘焙完成後，將烤箱熄火，烤箱門略開，乳酪蛋糕留在有餘溫的烤箱中 30 ～ 60 分鐘（依據乳酪蛋糕的大小與厚度調整），是一種利用低溫繼續讓乳酪蛋糕溫和烘焙的方法。乳酪蛋糕會因此慢慢冷卻而定型。

乳酪蛋糕的外形

1）乳酪蛋糕上的外環 Ring

- 五星級乳酪蛋糕的外型，蛋糕中間略凹，外緣有突起的 ring。這是傳統重乳酪蛋糕的一個特性。
- 造成 Ring 的原因與烤箱溫度和烘焙時間有關，乳酪在烘焙後半段中會受熱而膨起，如果烤溫持續過高，就會產生裂口。
- 如果控溫好，中間膨起時，乳酪往四周流動，膨起點在冷卻後下陷，就會自然形成外圈高、中間凹的外型，造成 ring 的效果。

2）外觀

採用分蛋法、乳酪比例較低的輕乳酪蛋糕，烘焙多半使用水浴、蒸浴法製作，蛋糕表面平滑。因為與重乳酪蛋糕所用的食材、比例和製作手法都不一樣，蛋糕口感也完全不同。

3）裂口

有時候，烘焙乳酪蛋糕容易有裂口，在冷藏之後，裂口會收縮，不至於這麼明顯，所以不要有太大的負擔。

乳酪蛋糕的其他小節

1）上色

蛋糕食材中有糖，糖在烘焙中受到溫度融化而焦糖化，所以蛋糕會有糖色上色現象。這是香味的保證。只要不是因為過度烘焙，略上糖色，能為糕點增加好香氣與好滋味。

若不喜歡蛋糕過度上色，烘焙時可以放中下層。開始上色時，可以蓋上鋁箔紙。

2）烘焙

傳統烘焙方式都是乾烤的。乾烤的乳酪蛋糕比水浴法製作的蛋糕，其香味和口感更勝一籌。這個食譜也可以用水浴法製作，但有機會比較的話，就能瞭解為什麼我更推崇乾烤方式。

巧克力乳酪蛋糕

Best Chocolate Cheesecake

純郁，豔野，雅淨，獵心，
領會屬於巧克力內斂中的真實熾烈。

材料 *Ingredients*

製作 1 個圓形蛋糕
烤模直徑 180mm

食材	份量	備註
● 餅乾底		
OREO 餅乾	12 片	餅乾不需要去夾心，處理成碎片，建議使用食物調理機
無鹽奶油	20g	融化奶油成液態
● 蛋糕體		
調溫半苦味巧克力 50%	135g	示範使用的是嘉麗寶 54.5% 巧克力豆
乳酪 34% 乳脂肪	400g	室溫，英文：Cream cheese，原味全脂 34% 乳脂肪
細砂糖	80g	-
香草精	1 小匙	可用香草糖 1 大匙取代
雞蛋	2 個	室溫，中號雞蛋，帶殼重量約 60g
● 蛋糕裝飾－可省略		
新鮮草莓	150 ～ 200g	或是其他鮮果
新鮮薄荷葉	適量	-
碎巧克力餅乾	適量	-
珍珠糖	適量	德文：Hagelzucker

烤模 *Bakewares*

圓形分離式烤模 .... 直徑 180mm　　1 個　（食譜示範）

製作步驟大綱 *Outline*

製作餅乾底：餅乾打碎 》加入融化奶油拌勻 》壓緊 》烘焙 》出
　　　　　　爐冷卻備用
製作蛋糕體：乳酪與糖、香草精攪拌至潤滑 》加入融化的巧克力
　　　　　　》加入雞蛋 》入模 》以溫度 150°C 烘焙 55 分鐘
　　　　　　（或是直到完成）》閉爐熄火，留小縫，蛋糕不脫
　　　　　　模，留在烤箱中約 30 ～ 40 分鐘
烘焙完畢 》出爐後在網架上靜置，直到完全冷卻 》蛋糕包上保鮮
　　　　　膜，以冰箱冷藏至少 4 小時，隔夜最好 》脫模 》裝
　　　　　飾（可省略）》完成

製作準備 *Preparations*

摘要	說明		備註
烤箱	預熱溫度 170°C，上下溫		預熱時間 20 分鐘前
烤模	底部鋪兩層鋁箔紙，鋁箔紙邊要多留一點，較利於脫模。建議使用分離式烤模。		烘焙紙會吸收水分，不建議使用
無鹽奶油	切小塊，用隔水加熱或是利用微波爐低功率加熱方式，融化奶油成液態奶油。避免過度加熱。		備用

製作步驟 *Directions*

｜餅乾底｜

01. 準備好製作餅乾底的所需食材。

02. 在調理機中放入 OREO 餅乾，餅乾不必除去夾心。

03. 用調理機打成碎沙，越碎越好。

04. 先將餅乾碎放入包好鋁箔紙的烤模中，再加入液態奶油。

05. 用湯匙將奶油與餅乾碎均勻混合，讓餅乾碎完全吸收奶油。

06. 利用工具將餅乾底壓緊。特別注意邊緣部份不要遺漏。

　　Remark：務必要紮實地壓緊，加入乳酪餡料烘焙時，餅乾底才不會散開。

07. 入爐烘焙，用 170°C 上下溫，烤 8～10 分鐘。取出，連同烤模靜置在網架上待冷卻。

製作準備 *Preparations*

摘要	説明	備註
烤箱	預熱溫度 150°C，上下溫	預熱時間 20 分鐘前
半苦味巧克力	可用巧克力磚，先切小塊，用溫水盆方式，隔水加熱融化。或是使用微波爐，設定為 50% 功率，以 30 秒為加熱單位，每次都要查看，並略微翻拌，直到巧克力完全融化。畫圈翻拌後呈現滑順的質地就可以，避免過度加熱。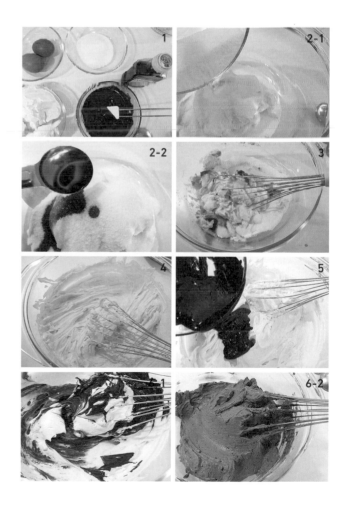	備用

製作步驟 *Directions*

| 蛋糕體 |

手動方式操作。也可以使用電動攪拌機，全程低速操作。

01. 準備製作蛋糕體的所需食材。

　　Remark：如果室內溫度低於 20°C，融化的巧克力可留在溫水盆中保溫，小心不要讓水進入巧克力中。

02. 在乳酪中加入糖與香草精。

03. 使用打蛋器，以手動方式操作，畫圈式攪拌至潤滑狀態。

04. 拌合直到糖融化，完成的乳酪糊質地滑而軟。

　　Remark：避免拌入過多空氣。

05. 加入融化的巧克力。

06. 畫圈式攪拌至潤滑狀態。

07. 一次加入一個雞蛋。拌入第一個雞蛋後,巧克力乳酪慢慢地會變得比較蓬鬆,色澤也會慢慢轉淡。

08. 直到整體均勻、不見蛋汁,才加入第二個雞蛋攪拌。

Remark:乳酪蛋糕中不宜拌入過多的空氣,才能保持蛋糕質地,加入雞蛋後,只要雞蛋與乳酪均勻融合即可。

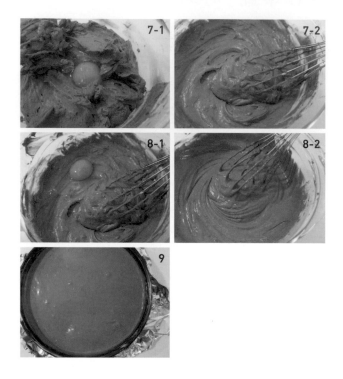

|組合|

Remark:在烤模內環抹上薄薄的奶油(不需要灑粉),可以幫助乳酪蛋糕在烘焙後完整脫模。

09. 將巧克力乳酪蛋糊,直接倒入冷卻的餅乾底上。烤模放在桌上震一震,讓麵糊表面平整,完成後,入爐烘焙。

Remark:倒入乳酪糊前,務必確認餅乾底已經完全冷卻。餅乾底如果還有熱度,倒入乳酪糊時,餅乾底容易鬆開。

烘焙與脫模 *Baking & More*

摘要	説明	備註
烤箱位置	下層	放在烤盤上。
烘焙溫度	150°C,上下溫	＊乾烘法＊
烘焙時間	烘焙 55 ～ 60 分鐘 閉爐 30 ～ 40 分鐘:烤箱熄火,烤箱門夾廚房巾,留下透氣孔	直到蛋糕中央不是濕潤的,才完成。特別注意蛋糕中央部份的熟成度,請不要用竹籤測試。
開烤箱降溫	在烘焙 30 分鐘時、45 分鐘時,完全打開烤箱門降溫,開門後,馬上再關上。	如果蛋糕的表面開始膨起,就可以做開關烤箱門的動作。這樣可以幫助散發濕氣,並避免乳酪蛋糕開裂。
出爐後的處理方式	經過閉爐,蛋糕出爐後,靜置在網架上直到完全冷卻。	乳酪蛋糕不能在冷藏前脫模,蛋糕出爐後,不要晃動。
冷卻後處理方式	蛋糕連同烤模,放入冰箱冷藏。上方要加蓋,隔絕冰箱中的氣味。	可使用鋁箔紙加蓋。
冷藏後脫模	完成冷藏後,將蛋糕脫模。再撕除底部鋁箔紙,就完成。	-
蛋糕的裝飾	完成的巧克力乳酪蛋糕,或可享受原味的濃郁,或是搭配各種不同的鮮果,例如時節草莓、酸美的覆盆子、清甜的櫻桃……等。	示範裝飾新鮮草莓與新鮮薄荷葉,蛋糕的外緣是使用捏成大碎粒的巧克力餅乾,加上少許珍珠糖。

Remark:脫模動作,一定要等乳酪蛋糕冷藏定形之後再脫模。底部放一個罐頭,如果烤圈沒有抹油,用小刀再次在蛋糕與烤模間劃一圈,鬆開蛋糕圈後,小心將蛋糕圈向下壓,再去除蛋糕底盤,蛋糕脫模完成。

🍴🫕 享用&保鮮 *Enjoying & Storage*

● 所有的乳酪蛋糕，無論是否經過烘焙，都需要冷藏保存。

● 乳酪放在室溫中的時間過長，即使經過高溫烘焙，還是比較容易腐壞。

● 所有的糕點與乳製品，因為容易吸收環境中的氣味，存放時，都一定要使用有蓋的容器，才能讓糕點保持最好的滋味。每天記得要檢查冷藏的乳酪蛋糕，並抹除容器內的水氣，可以延長乳酪蛋糕的保存期。

● 乳酪蛋糕中的乳酪會慢慢滲出水分，超過 2 天時間，餅乾底通常都會變得比較濕潤。

● 乳酪蛋糕可以冷凍方式保存。冷凍前，乳酪蛋糕應該先至少冷藏 4 個小時，蛋糕定型後，仔細密封包裝後，再冷凍。以冷凍方式保鮮的乳酪蛋糕約有 2 個月賞味期。

● 冷凍後的乳酪蛋糕，食用前應該移至冷藏室內慢慢解凍。直接在室溫中解凍，通常蛋糕外緣已經軟化，而蛋糕中心仍然是低溫，會影響蛋糕的質地與口感。

寶盒筆記 Notes

完成餅乾底之後，等烤模略微降溫後，記得在烤圈上抹上薄薄的奶油，不需要灑粉，可以讓烘焙後的乳酪蛋糕保持漂亮的外型，也能幫助脫模。

烘焙乳酪蛋糕，最後的閉爐動作，可以幫助蛋糕在慢慢減溫的情況下，固定與穩定。

完成的乳酪蛋糕會有略微回縮的現象，是正常的。當烘焙完成，烤箱熄火，開始閉爐時，可以先用小刀在蛋糕與烤模間小心劃開，能夠避免因為回縮的拉力而造成裂紋。

巧克力乳酪蛋糕全程採用乾烤。不是水浴法，不需要準備水盆，不是使用蒸氣方式製作。

「開烤箱門，降溫」的動作，適用於大約烘焙30分鐘之後，只要看到乳酪開始膨起，或是中間突起，就可以打開烤箱門降溫。完全打開後，馬上關上。如果沒有適時降溫，就有蛋糕中間爆裂的可能，而產生裂紋。

有裂紋的巧克力乳酪蛋糕，並不影響蛋糕本身的好滋味。

巧克力乳酪蛋糕不適合使用帶有鹽味的乳酪，或是作為抹醬之用的乳酪來製作。

餅乾底不宜太薄。若減少奶油的份量，乾燥沒有黏著的餅乾碎，無法支撐烘焙後乳酪的重量，容易導致蛋糕散架。

蛋糕在經過冷藏完成前，不可脫模。送入冰箱冷藏室時，乳酪蛋糕必須是完全冷卻的狀態。

蛋糕冷藏時，一定要加蓋。因為乳酪容易吸納冰箱中的食物氣味，如不加蓋，會嚴重影響乳酪蛋糕的味道。

烘焙完成的乳酪蛋糕，必須經過冷藏，才能讓乳酪蛋糕熟成。蛋糕質地在冷藏後就會自然地變得細膩而濃郁。

蛋糕如果不能一次食用完，冷藏時，蛋糕盒內會產生水蒸氣，記得每天用乾布擦乾內部水氣，蛋糕才能保持應有的質地。

巧克力乳酪蛋糕如果配上新鮮水果裝飾，特別是切開的水果，隔日會有滲水的現象。搭配鮮果裝飾的乳酪蛋糕，最好在2天內食用完畢。如果無法當日吃完，應該先去除鮮果後，再冷藏，比較能保持乳酪蛋糕的新鮮度。

更多關於乳酪蛋糕的製作問題，可以參考「五星級乳酪蛋糕」中所整理的「乳酪蛋糕製作問題」一節。

淺談
乳酪蛋糕

01. 新鮮好食材＝真正好味道。

02. 乳酪蛋糕的食材比較簡單，遵照蛋糕食譜食材的比例，才能營造理想的口感均衡度。

03. 使用標準度量衡計量工具。所有食材應該經過確實、正確、仔細的測量與衡量。

04. 注意食材的溫度。開始製作時，乳酪與雞蛋都應該先回溫。如果來不及讓乳酪回溫，可以將乳酪先切成小塊狀，使用微波爐 50% 功率，微波約 20 ～ 30 秒來幫助乳酪回軟，請不要過度加熱乳酪。

05. 食材的溫差，是造成乳酪蛋糕在烘焙中裂口的原因之一。

06. 製作乳酪蛋糕，乳酪是主角。建議最好選擇全脂的乳酪製作，完成的蛋糕才能保持乳酪蛋糕本應有的濃郁滋味。低脂的乳酪雖然可以用來製作乳酪蛋糕，不過，完成後的乳酪蛋糕質地與口感與使用全脂乳酪不同。

07. 乳酪蛋糕中加入酸奶油（sour cream）或是動物鮮奶油（heavy cream），可以增加蛋糕的濕潤度，讓乳酪蛋糕的質地更滑潤，以全脂食材為首選。在乳酪蛋糕中加入蛋黃，可以提升乳酪蛋糕的香氣。

08. 加入雞蛋時，一次只加一個。建議先將雞蛋打散，慢慢在拌合時加入，可以避免在打散全蛋時將過多空氣拌入乳酪糊中，影響乳酪蛋糕的質地。

09. 麵粉與玉米粉都有助於穩定乳酪糊，讓乳酪蛋糕比較不容易在烘焙中產生裂口。可以在 500g 乳酪糊中加入過篩好的一大匙麵粉，或是一大匙玉米粉。

10. 想要保留乳酪蛋糕的真濃郁，應該選用好的乳酪與雞蛋來製作。以乳酪滋味為主，所加入的香料也應該盡可能選擇合適的天然香料，如香草莢；也可使用鮮果，如檸檬；或是堅果、焦糖、巧克力……來增加乳酪蛋糕風味。最好不要使用人工甘味，會破壞乳酪與雞蛋的自然香氣。

酥頂大理石乳酪蛋糕

Marmor Kaesekuchen mit Streusel

沒有駕馭，不是攀附，而是單單純純味覺的平衡與感受，
酥的，潤的，香的，滑的，用味覺感受層次中的無限與奔放。

材料 *Ingredients*

製作 1 個圓形蛋糕
烤模直徑 150mm

食材	份量	備註
● 餅乾底		
消化餅乾	75g	餅乾處理成碎片
無鹽奶油	25g	融化奶油成液態
● 蛋糕體		
乳酪 34% 乳脂肪	175g	英文：Cream cheese，原味全脂 34% 乳脂肪
細砂糖	70g	-
玉米粉	10g	英文：Corn Starch
香草精	1/2 小匙	可用香草糖 1 小匙取代
雞蛋	1 個	中號雞蛋，帶殼重量約 60g，室溫
調溫苦味巧克力 50% 以上可可	25g	切碎成小碎粒，隔水融化
● 巧克力酥頂－可省略		
無鹽奶油	10g	冷藏溫度
低筋麵粉	20g	-
細砂糖	20g	-
調溫苦味巧克力 50% 以上可可	20g	切碎成小碎粒

烤模 *Bakewares*

圓形分離式烤模 .... 直徑 150mm   1 個   （食譜示範）

製作步驟大綱 *Outline*

製作餅乾底：餅乾打碎 》加入融化奶油 》壓緊 》烘焙 》出爐冷卻備用
製作蛋糕體：雞蛋打散 》加入糖 》加入香草精 》加入奶油乳酪 》加入玉米粉 》
　　　　　　取部分麵糊加入融化巧克力 》入模
製作巧克力酥頂（可省略）：用叉子混合食材 》灑在蛋糕上方 》
　　　　　　　　　　　　　第一段烘焙 220°C，10 分鐘 》
　　　　　　　　　　　　　第二段烘焙 110°C，30 分鐘（或是直到完成）》
　　　　　　　　　　　　　第三段閉爐熄火，留在烤箱中 15 分鐘
烘焙完畢 》出爐後在網架上靜置，直到完全冷卻 》蛋糕包上保鮮膜，以冰箱冷藏
　　　　　至少 4 小時，隔夜最好 》脫模 》完成

製作準備 *Preparations*

摘要	説明	備註
烤箱	預熱溫度 160°C，上下溫	預熱時間 20 分鐘前
烤模	底部鋪兩層鋁箔紙，鋁箔紙邊要多留一點，較利於脫模。建議使用分離式烤模。	烘焙紙會吸收水分，不建議使用
消化餅乾	用食物調理機打成碎沙，越碎越好。	餅乾越碎越好，結合度越緊密
無鹽奶油	切小塊，用隔水加熱或是利用微波爐低功率加熱方式，融化奶油成液態奶油。避免過度加熱。	備用

製作步驟 *Directions*

｜餅乾底｜

01. 將打成碎沙的消化餅乾，填入包好鋁箔紙的烤模中。

02. 將融化的液態奶油加入餅乾碎中。

03. 用大湯匙將奶油與餅乾碎略微混合。

04. 利用工具將餅乾底壓緊。特別注意邊緣部份不要遺漏。

   Remark：務必要紮實地壓緊，加入乳酪餡料烘焙時，餅乾底才不會散開。

05. 入爐烘焙，用 160°C 上下溫，烤 10 ～ 12 分鐘，直到邊緣略微上色。

06. 出爐後，連同烤模靜置在網架上待冷卻。

> *Notes*
> 碎餅乾中加入融化奶油時，一定要細心均勻壓緊，烘焙後，才有理想的成果。

製作準備 *Preparations*

摘要	説明	備註
烤箱	預熱溫度 220°C，上下溫	預熱時間 20 分鐘前
巧克力	切小塊，用溫水盆方式，隔水加熱融化。或是使用微波爐的低功率加熱。	備用

製作步驟 *Directions*

｜蛋糕體｜

使用手動打蛋器，全程以手動方式操作。

01. 準備好製作蛋糕體的所需食材。

02. 在雞蛋中加入所有的糖。

03. 打散，直到糖融化，完成的蛋糊色澤略淡。

04. 加入香草精。

05. 再加入乳酪，以手動方式拌合，直到食材均勻融合。

06. 最後加入玉米粉，拌勻，完成乳酪糊。

07. 完成的乳酪蛋糕，取出約 3～4 大匙份量，加入融化的巧克力。

08. 攪拌均勻，巧克力乳酪糊即完成。

| 巧克力酥頂－可省略 |

09. 用小叉子將麵粉、糖、奶油混合成粗砂狀。無鹽奶油必須是冷藏溫度，直接從冰箱中取出使用。

10. 再加入切成碎片的苦味巧克力，混合均勻即可。

| 組合與裝飾 |

Remark：在烤模內環抹上薄薄的奶油（不需要灑粉），可以幫助乳酪蛋糕在烘焙後完整脫模。

11. 將原味的乳酪糊，直接倒入冷卻的餅乾底上。

Remark：餅乾底一定要完全冷卻，才能做這個步驟。若是餅乾底還沒有冷卻，在倒入乳酪糊時會鬆開。

12. 再倒入巧克力乳酪糊。把烤模放在桌上震一震，讓麵糊平整。

13. 如果不加酥頂，可以簡單拉花。

14. 均勻灑上巧克力酥頂，酥頂不要下壓，才能留在蛋糕頂部。完成後，入爐烘焙。

> *Notes*
>
> 蛋糕上的酥頂在完成時，酥脆度最高，經過冷藏與時間，會吸收蛋糕中的濕氣，變得比較濕潤，酥脆度會減低，這是正常現象。

烘焙與脫模 *Baking & More*

摘要	説明	備註
烤箱位置	下層	放在烤盤上。
烘焙溫度	乳酪蛋糕第一段： 220°C，上下溫，10 分鐘 乳酪蛋糕第二段： 110°C，上下溫，約 30～35 分鐘 閉爐： 在熄火的烤箱中，開小縫，靜置 15 分鐘	＊乾烘法＊ 原預熱溫度是 220°C，蛋糕進爐 10 分鐘後，立即降溫到 110°C 烘焙。
烘焙時間	烘焙共約 40～45 分鐘	直到蛋糕中央不是濕潤的，才完成，可以看到蛋糕外緣明顯上色。
蓋鋁箔紙隔熱	烘焙結束前 15 分鐘，可以考慮在蛋糕上方蓋鋁箔紙隔熱。	示範的蛋糕沒有做這個動作。
脫模時間	出爐後，靜置在網架上直到完全冷卻。	乳酪蛋糕不能在冷藏前脫模。蛋糕出爐後，不要晃動。
冷卻後處理方式	蛋糕連同烤模，放入冰箱冷藏。上方要加蓋，隔絕冰箱中的氣味。	可使用鋁箔紙加蓋。
冷藏後脫模與裝飾	完成冷藏後，蛋糕拉開分離模扣環，脫模。再撕除底部鋁箔紙，就完成。	沿著蛋糕外緣灑上糖粉，完成裝飾。糖粉為食材份量外。

剛出爐的蛋糕

脫除烤模烤圈的蛋糕。

享用&保鮮 *Enjoying & Storage*

● 酥頂大理石乳酪蛋糕需要保存在冷藏溫度下。乳酪放在室溫中的時間過長，即使乳酪已經經過高溫烘焙，還是比較容易腐壞。

● 所有的糕點與乳製品，因為容易吸收環境中的氣味，存放時，都一定要使用有蓋的容器，才能讓糕點保持最好的滋味。

寶盒筆記 *Notes*

製作餅乾底時，融化奶油不僅是增加餅乾底的好味道，也是作為「黏結」碎餅乾之用。減少奶油份量，容易讓餅乾底無法成形。

如何讓乳酪蛋糕保持完整，容易脫模：
1）建議使用分離式烤模。
2）烤模底包上鋁箔紙。
3）烤環上抹薄薄奶油。
4）脫模動作一定要等蛋糕經過至少 4 小時的冷藏後，才操作。

在倒入乳酪蛋糕糊時，餅乾底應該是完全冷卻的狀態。

乳酪（Cream Cheese）是可以生食的。烘焙完成時，或許在竹籤測試時仍然看見少許沾黏，可以將蛋糕留置在熄火烤箱，烤箱門不要完全密閉，慢慢冷卻。
＊竹籤測試只適用於有酥頂的乳酪蛋糕，因為酥頂的緣故，不會看到蛋糕外觀被破壞的痕跡。

蛋糕完成時，乳酪需要時間降溫與固定，最忌諱晃動。溫熱時切開，會讓蛋糕散開，雖然這個蛋糕的確可以熱熱地食用，仍不建議在這個時候食用它。

如果計畫要熱熱地食用，可以用非金屬派模烘焙，不脫模享用。

難易分類⋯★★☆☆☆

漂亮寶貝乳酪蛋糕

Babycakes

為了遇見妳……
等待層次激盪味蕾，等待美麗牽動心跳

材料 *Ingredients*

製作 12 個馬芬乳酪蛋糕
12 連馬芬烤模
每個馬芬內底直徑 70mm

食材	份量	備註
● 餅乾底		
OREO 餅乾	16 片	餅乾去夾心，單片共 32 片。處理成細碎狀，建議使用食物調理機打碎
無鹽奶油	40g	融化奶油成液態
鹽	1/4 小匙	平匙，使用烘焙標準量匙，準確衡量
● 蛋糕體		
新鮮覆盆子	80g	新鮮果實的重量，經過榨汁，大約是 2 ～ 3 大匙的份量
乳酪 34% 乳脂肪	350g	室溫，英文：Cream cheese，原味全脂 34% 乳脂肪
酸奶油 15 ～ 20% 乳脂肪	150g	室溫，英文：Sour Cream，原味無糖，乳脂肪 15 ～ 20%
糖粉	125g	-
香草糖	25g	可用 2 小匙香草精代替，另加約 25g 的糖粉
雞蛋	2 個	室溫，中號雞蛋，帶殼重量約 60g
低筋麵粉	2 大匙	半匙，使用烘焙標準量匙，準確衡量
新鮮檸檬皮屑	1 個檸檬	建議使用有機檸檬，使用前用熱水沖洗拭乾
新鮮檸檬汁	半個檸檬	建議使用有機檸檬
● 蛋糕裝飾－可省略		
新鮮覆盆子	12 個	-
新鮮薄荷葉	適量	-

烤模 *Bakewares*

12 連馬芬烤模 ....每個馬分內底直徑 70mm　　1 個　（食譜示範）

製作步驟大綱 *Outline*

製作餅乾底：餅乾去夾心 》 餅乾與鹽打碎 》 加入融化奶油 》 均分入模，壓緊 》 冷藏靜置備用
製作乳酪糊：乳酪加酸奶油攪拌 》 加入糖與香草糖 》 加入雞蛋 》 篩入麵粉拌合
製作覆盆子乳酪糊：取出 **250g** 乳酪糊，加入覆盆子鮮榨果汁中 》 拌合 》 入模 》 用小湯匙抹平表面
製作檸檬乳酪糊：在乳酪糊中加入檸檬皮屑 》 加入鮮榨檸檬汁 》 拌合 》 入模 》 用小湯匙抹平表面
烘焙： 以 **150°C** 烘烤 **30 ～ 35** 分鐘 》 閉爐熄火，烤箱門夾布留小縫，蛋糕不脫模，留在烤箱中 **30** 分鐘
　　　 》 出爐 》 在網架上靜置，直到完全冷卻 》 冷藏至少 **5** 小時 》 脫模 》 完成

製作步驟 *Directions*

| 餅乾底 |

01. OREO 餅乾先除去夾心，變成 32 個單片餅乾。

02. 烤模中直接放入紙杯，烤模不必先抹油，備用。

03. 在調理機中先放入餅乾。

04. 再加入鹽。

05. 用調理機攪打成碎沙狀，越碎越好。

06. 在餅乾碎中加入融化成液態的奶油。

07. 用湯匙將奶油與餅乾碎均勻混合，讓餅乾碎完全吸收奶油後，將餅乾碎均分在鋪好紙杯的馬芬烤模中。

08. 利用工具確實壓緊，特別注意邊緣部份不要遺漏。完成後，放入冰箱冷藏，靜置備用。

　　Remark：餅乾底必須要壓緊，加入乳酪餡料後，餅乾底才不會散開。

製作準備 *Preparations*

摘要	說明		備註
烤箱	預熱溫度 150°C，上下溫		預熱時間 20 分鐘前
新鮮覆盆子	覆盆子清洗後，確實瀝乾。再使用大型的小孔隙濾網，用大湯匙壓出覆盆子鮮果汁，可以榨出約 2 ～ 3 大匙。只使用覆盆子果汁。		備用
糖粉與香草糖	香草糖倒入糖粉中。		備用
雞蛋	打散。		備用

製作步驟 *Directions*

｜蛋糕體｜

使用電動攪拌機，全程低速操作。

01. 在乳酪中，加入酸奶油。

02. 將乳酪與酸奶油先攪打至滑順。

03. 加入糖粉與香草糖，慢慢攪拌至潤滑狀態。
   Remark：建議使用糖粉製作，乳酪蛋糕的口感會更細緻。

04. 攪拌完成的狀態。

05. 加入蛋汁，建議邊慢慢倒入，邊用攪拌機低速攪拌。只要蛋汁與乳酪融合就可以，避免過度攪拌，拌入過多空氣。

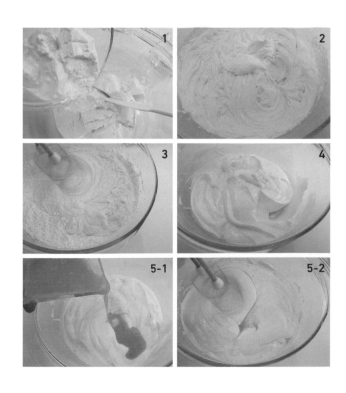

06. 用篩子篩入麵粉。

07. 使用矽膠刮刀拌合均勻。

08. 乳酪糊拌合完成時的狀態。

09. 取 250g 的乳酪糊,直接加入榨好的覆盆子果汁中。

10. 使用湯匙,將覆盆子果汁與乳酪糊慢慢拌合成均勻狀態。

| 組合 |

11. 將覆盆子乳酪糊均分在已備好餅乾底的馬芬烤模中。

　　Remark:用小湯匙抹平表面,不需要震烤模。

12. 在剩下的乳酪糊中,加入檸檬皮屑。

　　Remark:使用銼刀,注意不要刮到皮層下的白色部份,會帶苦味。

13. 再加入鮮榨檸檬汁。

14. 使用矽膠刮刀,手動拌合,仔細拌勻成潤滑狀態。

15. 將檸檬乳酪糊均分倒入在覆盆子乳酪糊的上方,再用小湯匙抹平表面。完成後,入爐烘焙。

烘焙與脫模 *Baking & More*

摘要	說明	備註
烤箱位置	中下層	放在網架上。
烘焙溫度	150°C，上下溫	＊乾烘法＊
烘焙時間	烘焙 30 ～ 35 分鐘 烘焙 20 分鐘時，完全打開烤箱門後，馬上關上	直到蛋糕中央結皮、看不出濕潤乳酪糊，才完成。蛋糕不會上色。特別注意蛋糕中央部份的熟成度，請不要用竹籤測試。
閉爐時間	閉爐 30 分鐘，烤箱熄火，開小縫	可以在烤箱門上夾廚房巾，留下透氣孔。
出爐後處理	出爐後，靜置在網架上直到完全冷卻。完成閉爐的乳酪蛋糕還是非常柔嫩，上方保留淡黃色，質地有點像是軟布丁，這是正常的。	乳酪蛋糕不能在冷藏前脫模，蛋糕出爐後，不要晃動。
冷卻後處理方式	蛋糕連同烤模，放入冰箱冷藏，至少 5 小時。上方要加蓋，隔絕冰箱中的氣味。	可使用鋁箔紙加蓋。
冷藏後脫模	完成冷藏後，撕除紙杯即完成。	-
蛋糕的裝飾	完成的漂亮寶貝乳酪蛋糕搭配新鮮覆盆子，並放上薄荷葉。	薄荷葉能明顯為覆盆子與乳酪蛋糕提味，很建議嘗試。

Remark：脫模動作，一定要等乳酪蛋糕冷藏定形之後再脫模。

剛出爐的漂亮寶貝乳酪蛋糕。
漂亮寶貝乳酪蛋糕應該要留在烤模中冷卻。
確認乳酪蛋糕完全冷卻後，連烤模放入冰箱進行至少 5 小時冷藏與定型。

🍽 享用&保鮮 *Enjoying & Storage*

- 所有的乳酪蛋糕，無論是否經過烘焙，都需要冷藏保存。

- 漂亮寶貝乳酪蛋糕可以冷藏享受，也可以冷凍後享受。

- 冷藏後有著豐富層次，綿密滑順，口感非常非常好。如果以冷凍方式享受，味道一如高級冰淇淋三明治口感，甜度上比較低，能完全體驗到覆盆子與檸檬的香氣。建議可以冷凍幾個嘗試。

- 冷藏的漂亮寶貝乳酪蛋糕，享受前在室溫中回溫約 5～10 分鐘。如果留在室內的時間過長，乳酪會因為溫度關係而變得很軟，質地會像濃稠的優格，不能保持漂亮的外型。

- 因為乳酪容易吸收氣味，乳酪蛋糕無論是冷藏或是冷凍，一定要使用有蓋的保鮮盒裝，隔絕氣味，才能保持好風味。

- 即使妥善保存，乳酪還是會慢慢滲出水分，超過 3 天時間，餅乾底通常都會變得比較濕潤。

- 冷藏的漂亮寶貝乳酪蛋糕應該在 3～4 天內食用完畢。

- 漂亮寶貝乳酪蛋糕可以冷凍方式保存。冷凍前，乳酪蛋糕應該先至少冷藏 4 個小時，蛋糕定型後，仔細密封包裝後，再冷凍。以冷凍方式保鮮的乳酪蛋糕約有 2 個月賞味期。

- 冷藏時，記得每天用乾布擦乾蛋糕盒內的水氣，才能讓乳酪蛋糕保持質地並延長保存期限。

📝 寶盒筆記 *Notes*

製作乳酪蛋糕時，請避免過度攪拌。若拌入過多空氣，質地上會看到大小氣孔，雖然不影響口感。

烘焙 20 分鐘後，建議完全打開烤箱的門，再立刻關上。這個動作可以幫助烤箱降溫，防止蛋糕中的乳酪因持續高溫而膨脹後爆裂。

烘焙後的閉爐動作，是另外一種延續烘焙的方式。利用烤箱的餘溫，慢慢讓奶酪蛋糕熟成，降溫。閉爐是這個奶酪蛋糕製作的必要過程，完成的乳酪蛋糕可以保持完整的外型。

完成閉爐動作的蛋糕，質地還沒有完成固定，非常的軟，要避免過度晃動。

漂亮寶貝乳酪蛋糕的覆盆子乳酪糊與檸檬乳酪糊，有固定的比重與份量，所以在經過烘焙後，依然保持層次。如果使用的不是新鮮覆盆子，乳酪糊會因此比較稀，烘焙完畢時，看不到明顯的分層。或是，檸檬乳酪完全混入覆盆子乳酪中，變成同一個色澤。

如果蛋糕頂中央有凹槽，表示蛋糕是軟心的，烘焙時間不足時就熄火。稍微拉長烘焙時間，就可以改善。

如果蛋糕上方有裂紋，會有幾種可能：設定的烤箱溫度或許過高、放在烤箱中的位置太高、烘焙過程中乳酪膨脹時沒有開烤箱門降溫、烘焙時間過長。

請勿採用帶有鹽味的乳酪，或是作為抹醬之用的乳酪來製作，會影響整個蛋糕的味道。

蛋糕在經過冷藏完成前，不可脫模。

淺談
乳酪蛋糕

01. 製作乳酪蛋糕，建議使用分離式烤模。

02. 想要讓完成的乳酪蛋糕漂亮又容易脫模，可以先用雙重鋁箔紙包住烤模底盤，烤模的烤圈上抹一層很薄的奶油（不需要灑麵粉）。

03. 製作餅乾底時，使用的是融化的奶油。奶油只要融化成液態狀態就可使用，避免過度加熱。融化的奶油均勻淋在餅乾碎末上後，要先確實混合，讓餅乾碎末都能均勻吸收奶油，再用湯匙或其他工具協助，確實壓緊，特別注意邊緣部份。

04. 製作餅乾底的奶油有固定比例，如果份量太少，無法讓餅乾碎末結團成底座，將無法支撐乳酪糊。

05. 製作免烘焙的乳酪蛋糕，餅乾底可以依個人喜好選擇烘焙或是不烘焙。經過烘焙的餅乾底，香氣比較重，烘焙後要確實冷卻才可使用。不烘焙的餅乾底，在製作完成後，應該連烤模先放入冰箱冷藏固定後再使用。

06. 烘焙完成的餅乾底，要靜置冷卻後才能使用。還有熱度的餅乾底，質地較軟，倒入乳酪糊時，容易因此而散開。

07. 製作重乳酪蛋糕，不需要打發，可以用手動方式操作。製作時，應該盡可能不要快速攪拌，乳酪中拌入的空氣越少，乳酪蛋糕越能保持細緻而滑順、無毛孔的質地。

08. 讓所有食材同溫，所有乾粉類先仔細過篩，可以幫助乳酪蛋糕順利完成拌合，比較不會因為過多攪拌，而在乳酪蛋糕糊中留下攪拌時造成的氣泡。

09. 製作巧克力口味的乳酪蛋糕，所使用的融化巧克力，使用時的溫度應該與其他食材相同，才不會在加入時，巧克力因為溫差而結塊。

10. 完成的乳酪糊，中間如有小粒乳酪塊，烘焙中會融化，不會影響蛋糕質地。完成的乳酪糊可以用小竹籤在乳酪糊中來回畫幾次來消除氣泡，完成的乳酪蛋糕更見細緻（氣泡不會影響乳酪蛋糕的滋味與口感）。

| 糕點類別…生乳酪蛋糕　　| 難易分類…★☆☆☆☆ |

170

OREO 乳酪蛋糕

OREO Cheesecake

全方位歡樂派對，
OREO 餅乾與乳酪的至美，都成風味。

材料 *Ingredients*

| 製作 2 個圓形蛋糕 |
| 烤模直徑 100mm |

食材	份量	備註
● 餅乾底		
OREO 餅乾	8 片	餅乾不需要去夾心，處理成碎片，建議使用食物調理機
無鹽奶油	20g	融化奶油成液態
● 蛋糕體		
吉利丁片	5g	可用等量的吉利丁粉替代 ＊植物性的吉利 T，不適合
乳酪 34% 乳脂肪	320g	室溫，英文：Cream cheese，原味全脂 34% 乳脂肪
糖粉	60g	製作生乳酪蛋糕時，使用糖粉融化的速度較快，比較合適
香草糖	4g	可用 1/4 小匙香草精代替
動物鮮奶油 36%	80g	室溫
OREO 餅乾	8 片	每片切成四等份，夾層用。如果喜歡 OREO 餅乾，可以多加
OREO 餅乾	2 片	打碎，製作 OREO 乳酪糊用
● 蛋糕裝飾－可省略		
OREO 餅乾	4 片	2 片切碎做外緣裝飾，2 片做頂部裝飾

烤模 *Bakewares*

圓形分離式烤模 .... 每個直徑 100mm　　2 個　（食譜示範）
任何家庭容器 .... 例如保鮮盒、玻璃器皿、大碗……等都可以

製作步驟大綱 *Outline*

製作餅乾底：餅乾打碎 》加入融化奶油 》壓緊 》靜置備用
製作乳酪糊：乳酪先打滑順後，加入糖與香草糖 》鮮奶油加入融
　　　　　　化吉利丁中混和 》兩者拌合
製作 OREO 乳酪糊：取出 100g 乳酪糊，加入碎沙狀的 OREO
　　　　　　　　　餅乾 》拌合備用
組合：倒入原味乳酪糊 》疊上 OREO 餅乾 》倒入 OREO 乳酪糊
　　　》倒入原味乳酪糊 》用保鮮膜密封後，冷藏至少 4 小時，
　　　隔夜也可以
冷藏完畢 》脫模 》裝飾（可省略）》完成

製作準備 *Preparations*

摘要	説明		備註
烤模	底部鋪兩層鋁箔紙，鋁箔紙邊要多留一點，較利於脫模。如希望脫模，建議使用分離式烤模。		烘焙紙會吸收水分，不建議使用
吉利丁片	泡冰水或是冷水，約 15 分鐘，吉利丁片必須完全浸入水中。		備用
無鹽奶油	切小塊，用隔水加熱或是利用微波爐低功率加熱方式，融化奶油成液態奶油。避免過度加熱。		備用

製作步驟 *Directions*

| 餅乾底 |

01. 在食物調理機中放入 OREO 餅乾，餅乾不必除去夾心。

02. 用食調理機攪打成碎沙，越碎越好。

03. 在餅乾碎中加入融化成液態的奶油。

04. 用湯匙將奶油與餅乾碎均勻混合，讓餅乾碎完全吸收奶油。

05. 將餅乾底倒入鋪好鋁箔紙的烤模中。

06. 利用工具將餅乾底確實壓緊，特別注意邊緣部份不要遺漏。

   Remark：必須要壓緊，加入乳酪餡料後，餅乾底才不會散開。

07. 完成後，靜置備用。開始準備製作蛋糕體。

製作步驟 *Directions*

｜蛋糕體｜

使用電動攪拌機，全程低速操作。也可以手動方式，使用手動打蛋器操作。

01. 準備好製作蛋糕體的所需食材。

02. 夾層所用的 8 片 OREO 餅乾，每片切成四等份，不完整也沒有關係。

03. OREO 乳酪糊所用的 2 片 OREO 餅乾，用調理機打成碎沙，越碎越好。

04. 泡水後的吉利丁片，先瀝乾水分，再使用微波爐 50% 功率，加熱融化，約需要 20 秒，視實際狀況而調整。吉利丁片只要融化就好，避免過度加熱，不能沸騰。

05. 乳酪先攪打至滑順後，加入糖粉與香草糖。
    Remark：必須使用糖粉製作，完成的 OREO 乳酪蛋糕，才不會有砂糖的沙沙口感。

06. 慢慢攪拌至潤滑狀態。

07. 拌合直到糖融化，備用。完成的乳酪糊質地滑而軟。
    Remark：避免拌入過多空氣。

08. 在經過加熱完全融化的吉利丁中加入鮮奶油，使用湯匙均勻混和。這是一個冷熱中和的步驟，是 OREO 乳酪蛋糕的重點步驟。
    Remark：動物鮮奶油的溫度如果過低，會讓融化的吉利丁結塊。可以再次將整碗放入微波爐加熱，以 50% 功率，讓吉利丁融化就好。如果直接將融化的吉利丁加入乳酪中，容易發生吉利丁結團、結塊的現象，以至影響口感。

09. 將吉利丁鮮奶油加入乳酪糊中，請用淋上的方式，不要只單點倒入。建議邊攪拌，邊慢慢地倒入，可以讓吉利丁均勻融入乳酪糊中。

10. 再次用電動攪拌機，以低速攪拌約 30 秒，拌至乳酪糊均勻。

11. 完成的乳酪糊是潤滑狀態。

12. 從完成的乳酪糊中取出 100g，加入用調理機打成碎沙的 OREO 餅乾。

13. 將 OREO 乳酪糊簡單混合拌勻。

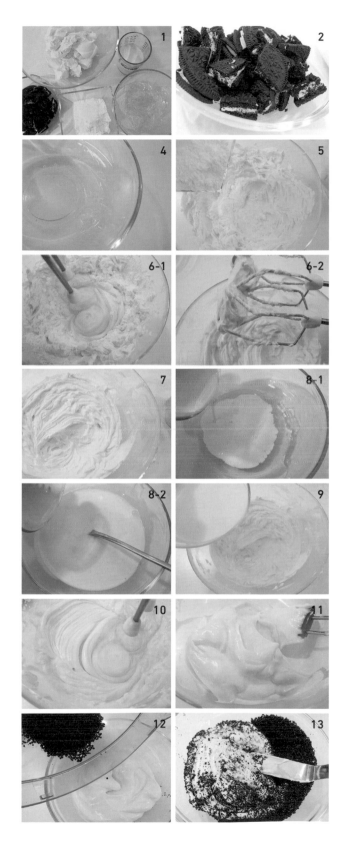

| 組合 |

14. 取出備好的餅乾底,將剩下的原味乳酪糊分成四等份後,在兩個完成餅乾底的烤模中,各填入一份乳酪糊,再略微抹平。

15. 再放入夾層用的 OREO 餅乾。一個烤模各放一半份量。

16. 接著填入 OREO 乳酪糊在夾層 OREO 餅乾上後,抹平。也是一個烤模各放一半份量。

17. 最後再填入原味乳酪糊,抹平上方。記得將烤模放在工作檯上震一震,讓表面平整,就完成。

18. 使用保鮮膜仔細密封,送入冰箱冷藏至少 4 小時,讓乳酪蛋糕凝結。隔夜也可以。

19. 冷藏後,脫模。可以隨喜好加上 OREO 餅乾作裝飾,就能享用。

🍴 享用&保鮮 *Enjoying & Storage*

● 所有的乳酪蛋糕，無論是否經過烘焙，都需要冷藏保存。

● 凡是生乳酪蛋糕，保存期限都會比較短，特別是在蛋糕中加入鮮果的乳酪蛋糕。

● 即使妥善保存，乳酪仍會慢慢滲出水分，超過 2 天時間，餅乾底通常都會變得比較濕潤。

● 原有 OREO 餅乾的脆與乾，經過冷藏後，會變得比較軟，配合乳酪的柔軟與滑順，特別搭配。

● 乳酪蛋糕可以冷凍方式保存。冷凍前，乳酪蛋糕應該先至少冷藏 4 個小時，蛋糕定型後，仔細密封包裝後，再冷凍。以冷凍方式保鮮的乳酪蛋糕約有 2 個月賞味期。

📝 寶盒筆記 *Notes*

OREO 乳酪蛋糕，也能以不脫模方式呈現，可以使用任何家庭容器製作，例如湯麵的大碗。

好的乳酪，完成好的乳酪蛋糕。

請勿採用帶有鹽味的乳酪，或是作為抹醬之用的乳酪來製作，會影響整個蛋糕的味道。

步驟中，將鮮奶油加入融化的吉利丁中的做法，是一種「冷熱中和」的製作方式。一般做法是直接將加熱後的吉利丁，倒入乳酪糊中。由於乳酪糊溫度比較低，所以會讓倒入的吉利丁迅速結塊，完成的蛋糕因為吉利丁分布不勻，就會有坍塌、移位的現象。

吉利丁一定要先確實泡水軟化、瀝乾後，加熱融化使用。如果浸泡吉利丁的時間不夠，使用時，吉利丁會吸取食材中的水分。

軟化後的吉利丁，瀝乾水分後，也可以放在小鍋中直接以文火加熱融化。注意不可以讓吉利丁沸騰，會讓吉利丁失去凝結的作用。

吉利丁粉的使用方式與吉利丁片不同，如果替換吉利丁粉，請按照吉利丁粉的操作方式製作。

在融化的吉利丁中加入鮮奶油時，使用小湯匙攪拌過程中，如果發現吉利丁有結塊的現象，可以再次用小鍋加熱，或是使用微波加熱方式來融化吉利丁作為補救，只要融化就可以，不要過度加熱。

將鮮奶油吉利丁加入乳酪糊中時，應該注意不要只是一個點倒入，最好邊攪拌，邊慢慢地倒入，可以讓吉利丁均勻進入乳酪糊中。

餅乾底不宜太薄，若減少奶油的份量，乾燥沒有黏著的餅乾碎，無法支撐乳酪，脫模後的外型會受到影響。

脫模時，可以用熱布先包住烤模外，再脫模。或是留置在室溫中 5 ～ 10 分鐘回溫，就可以順利脫模。

蛋糕在經過冷藏完成前，不可脫模。

藍莓乳酪冰淇淋蛋糕

Icecream Cheesecake mit Heidelbeeren

凍紫的逃亡，無法推辭的藍莓乳酪冰雪。
火焰，是在化口時，點燃的。

材料 *Ingredients*

製作 1 個正方形蛋糕
烤模 200×200mm

食材	份量	備註
● 餅乾底		
消化餅乾	170g	原味或是全麥口味的消化餅乾，其他類似的餅乾，油脂比較低的都可以
無鹽奶油	80g	融化奶油成液態
細砂糖	20g	-
● 蛋糕體		
冷凍藍莓 _ 果實	275g	回溫後，需確實瀝乾水分。示範使用 500g 的冷凍藍莓，瀝乾後，只剩下 275g。或使用其他冷凍莓果
低脂乳酪 2.5% 乳脂肪	500g	室溫，英文：Cream choose，原味低脂 2.5% 乳脂肪，示範使用的是卡夫公司的 Philadelphia So Leicht
糖粉	80g	這款生乳酪冰淇淋蛋糕，只能用糖粉製作，口感比較滑順，不會有砂糖的沙沙感
動物鮮奶油 36%	500g	室溫，操作前 15．～ 20 分鐘從冷藏室取出就可以
● 蛋糕裝飾－可省略		-
新鮮藍莓	適量	-
新鮮薄荷葉	適量	-

烤模 *Bakewares*

正方形分離式烤模......... 200×200mm　　1 個　（食譜示範）
任何家庭容器 .... 例如保鮮盒、玻璃器皿、大碗……等都可以

製作步驟大綱 *Outline*

製作餅乾底：利用食物調理機，將餅乾加糖打碎 》加入融化奶油
　　　　　　》壓緊 》冰箱冷藏備用
製作蛋糕體：乳酪攪拌至滑順 》加入糖 》加入瀝乾水分的藍莓 》
　　　　　　加入鮮奶油拌合 》入模 》包上保鮮膜，冷凍至少 **6**
　　　　　　小時，隔夜最好 》脫模 》裝飾（可省略）》完成

製作準備 *Preparations*

摘要	説明		備註
烤模	烤模鋪兩層鋁箔紙，鋁箔紙邊要多留一點，較利於脫模。建議使用分離式烤模。完成冷凍後，只要抓住兩邊鋁箔紙，往上提，就可以脫模。		烘焙紙會吸收水分，不建議使用
無鹽奶油	切小塊，用隔水加熱或是利用微波爐低功率加熱方式，融化奶油成液態奶油。避免過度加熱。		備用

製作步驟 *Directions*

| 餅乾底 |

01. 在食物調理機中先放入餅乾。

02. 再加入細砂糖。

03. 用食物調理機將食材打成碎沙，越碎越好。

　　Remark：如果沒有食物調理機，可以將餅乾與糖裝入塑膠袋中，再多包一層廚房巾，使用擀麵棍先敲碎，再壓碎

04. 將餅乾碎放入包好鋁箔紙的烤模中。

05. 將液態奶油倒入餅乾碎中，最好淋在不同的點。

06. 用湯匙將奶油與餅乾碎均勻混合，讓餅乾碎完全吸收奶油。

　　Remark：餅乾碎均勻吸收奶油，可以讓餅乾底更密實。

07. 利用工具將餅乾底壓緊。特別注意邊緣部份不要遺漏。

　　Remark：務必要紮實地壓緊，加入乳酪餡料時，餅乾底才不會散開。

08. 完成後，放入冰箱冷藏，備用。開始準備製作蛋糕體。

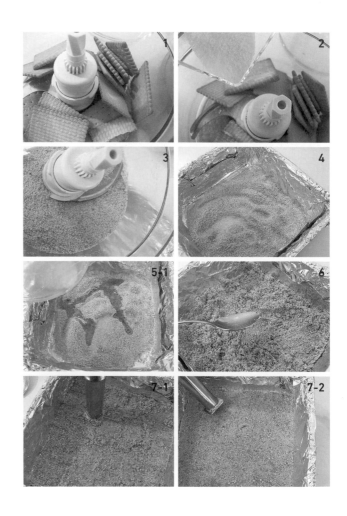

製作準備 *Preparations*

摘要	説明		備註
冷凍藍莓	可在前一天從冰箱冷凍室移到冷藏室中退冰。使用前，使用篩網確實瀝乾，只留下藍莓果實。食譜中，所需要的藍莓果實275g，剛好是500g冷凍藍莓瀝乾果汁後的重量。		備用

製作步驟 *Directions*

| 蛋糕體 |

使用電動攪拌機，全程低速操作。也可以手動方式，使用手動打蛋器操作。

01. 乳酪先使用電動攪拌機，打到滑順。

02. 乳酪中加入糖粉，慢慢攪拌至潤滑狀態。

　　　Remark：必須使用糖粉製作，完成的冰淇淋才不會有砂糖沙沙口感。

03. 拌合直到糖粉融化，完成的乳酪糊質地滑而軟。

　　　Remark：避免拌入過多空氣。

04. 分 2 ～ 3 次，加入瀝乾後的藍莓。

05. 使用電動攪拌機，低速攪拌，均勻後再次加入藍莓，一樣低速攪拌。

06. 可以留下部份藍莓不打碎，增加冰淇淋的果實口感。

07. 藍莓乳酪完成時的樣子。

08. 慢慢加入一半的鮮奶油，拌合。

　　　Remark：步驟中所使用的動物鮮奶油，直接使用，不需要經過打發。

09. 最後加入鮮奶油時，用電動攪拌機低速攪拌均勻，就完成。

> *Notes*
> 可以不加餅乾底，直接按照蛋糕內餡的食材份量與操作方式製作，完成後，使用保鮮盒保存。

| 組合 |

10. 從冷藏室取出備用的餅乾底,將藍莓乳酪糊直接倒入冷卻的餅乾底上。

11. 烤模放在桌上震一震,並抹平上方,讓乳酪糊平整。

12. 仔細包上保鮮膜,放入冰箱冷凍庫冷凍約 6 個小時。隔夜更理想。

13. 完成冷凍後的樣子。

14. 脫模。拉住鋁箔紙兩邊,往上提起,就能順利脫模。

15. 小心撕開鋁箔紙,切塊後擺上新鮮藍莓與薄荷葉裝飾,即可享用。

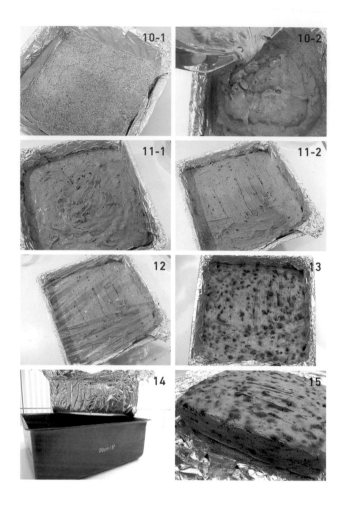

🍽️ 享用&保鮮 *Enjoying & Storage*

● 藍莓乳酪冰淇淋蛋糕,可以冷凍,或是冷藏保存。

● 冷藏保存,蛋糕的質地會比較軟,口感比較綿密,保存期限因為其中藍莓的緣故,會比較短。

● 冷凍的藍莓乳酪冰淇淋蛋糕,口感就跟冰淇淋一樣。濃濃藍莓的果香,讓冷凍的乳酪蛋糕,非常可口。

● 存放時,一定要使用有蓋的容器,才能讓糕點保持最好的滋味。如果以冷藏方式保存,每天記得抹除容器內的水氣,可以延長乳酪蛋糕的保存期。

● 冷藏的乳酪蛋糕,乳酪會慢慢滲出水分,超過 2 天時間,餅乾底通常都會變得比較濕潤。

📝 寶盒筆記 *Notes*

建議使用低脂的乳酪來製作。口感上,完全不影響,依然滑順美味。

請勿採用帶有鹽味的乳酪,或是作為抹醬之用的乳酪來製作,會影響整個蛋糕的味道。

一定要使用糖粉來製作。細砂糖在冷食材中比較不容易融化,完成後的口感略遜一籌。

如果沒有糖粉,可以用細砂糖加水熬煮為糖漿,冷卻後使用。因為水分的關係,完成的藍莓乳酪冰淇淋蛋糕,會比較稀,質地與濃優格比較接近。

餅乾底的製作,油脂與餅乾有固定比例,如果減少油脂,餅乾太乾,無法黏結,就比較容易散開。

蛋糕在冷凍前,質地過軟,不可脫模。

藍莓乳酪冰淇淋蛋糕,可以利用任何家中的容器製作,不限定形狀與尺寸。可以不必製作餅乾底,不必脫模,作為冰淇淋享受。

淺談
乳酪蛋糕

烘焙
保存篇

01. 烘焙流程要點：
　　→ 預熱烤箱。
　　→ 乳酪蛋糕入爐烘焙時，烤箱應該確實達到理想溫度。
　　→ 檢視烘焙程度，避免乳酪過度膨起。
　　→ 確認烘焙程度。
　　→ 熄火閉爐。

02. 烘焙乳酪蛋糕時，務必要顧爐。乳酪糊受熱開始膨起時，可以打開烤箱門，藉由馬上開關，來幫助烤箱降溫。如果打開烤箱的時間過長，反而會因為溫差過大，而造成蛋糕開裂。

03. 乳酪蛋糕不能用竹籤或是薄刀插入蛋糕中測試是否完成烘焙，這兩種做法，都有可能讓蛋糕產生裂口。

04. 使用目測方式觀察乳酪蛋糕，蛋糕應該烘焙到正中央的乳酪糊結成半固態布丁狀，看不見流動液態乳酪時，就可以熄火結束烘焙。過度烘焙的乳酪蛋糕，蛋糕中的水分散失，完成的蛋糕會比較硬。

05. 完成烘焙的乳酪蛋糕，要經過閉爐步驟，靜置在開著小縫的烤箱中約 30 ～ 60 分鐘（實際時間依乳酪蛋糕大小決定），讓乳酪蛋糕慢慢冷卻、慢慢固定。

06. 蛋糕出爐時，應該放在網架上靜置，直到完全冷卻。

07. 乳酪蛋糕出爐後 1 個小時，可以用小刀沿著烤模劃一圈，可以避免乳酪蛋糕在內縮時拉扯而開裂。

08. 乳酪蛋糕一定要完全冷卻後，才能放入冰箱冷藏。

09. 乳酪蛋糕的脫模動作，必須等到蛋糕完成冷藏後，至少 4 個小時，等蛋糕完全固定後，才能脫模。完全冷卻但還未經冷藏的乳酪蛋糕，乳酪質地是軟的，在這個階段脫模，會造成蛋糕碎裂。

10. 以下狀況都是正常的：乳酪蛋糕在冷卻過程中內縮，乳酪蛋糕表面有小裂縫，乳酪蛋糕的外緣比中心高，完成烘焙與閉爐的蛋糕體還是軟軟的。

保存要領

● 乳酪蛋糕是冷藏蛋糕。

● 乳酪容易吸收環境中的氣味，蛋糕放在乾淨蛋糕盒中保存是絕對必要的。沒有做好隔絕密封的乳酪蛋糕，會失去蛋糕的好滋味。

● 冷藏的乳酪蛋糕，要每天檢查狀態，並且擦乾蛋糕盒中的水分，才能保持乳酪蛋糕的風味與質地。

● 乳酪蛋糕可以冷凍。冷凍前，要先除去所有鮮果或蛋糕裝飾。

● 乳酪蛋糕經過妥善包裝，建議使用保鮮膜或是厚鋁箔紙密封，再放入保鮮盒，可以保鮮至少 8 週時間。

PART

3

家庭味蕾享趣

塔與派

| 糕點類別 … **甜派點**
| 難易分類 … ★ ★ ☆ ☆ ☆

焦糖核桃派

Engadiner Nusstorte

瑞士恩嘉町 Engadin 傳統美味，
每一口都有屬於核桃與焦糖的經典與迴盪。

材料 *Ingredients*

製作 1 個圓形塔派
塔派模直徑 240mm

食材	份量	備註
● 奶油派皮		
低筋麵粉	300g	-
細砂糖	100g	-
鹽	1 小撮	-
雞蛋	1 個	中號雞蛋，帶殼重量約 60g
無鹽奶油	150g	柔軟狀態，切成小塊或小片
● 焦糖核桃內餡		
無鹽奶油	50g	-
細砂糖	200g	-
核桃	300g	切大碎粒
動物鮮奶油 32 ～ 36%	250g	溫熱，不能使用植物鮮奶油
● 派皮刷		
蛋黃	1 個	-

烤模 *Bakewares*

圓形分離式深派模 .... 直徑 240mm　　1 個　（食譜示範）
圓形分離式蛋糕烤模 ...... 直徑 240mm　　1 個

製作步驟大綱 *Outline*

製作奶油派皮 》冷藏鬆弛
製作焦糖核桃內餡 》冷卻
組合：派皮底入模 》填入內餡 》覆蓋派皮頂 》刷蛋黃 》裝飾
　　　與切割出通氣孔 》烘焙
烘焙完畢 》出爐後在網架上靜置直到完全冷卻 》脫模 》完成

製作步驟 *Directions*

｜奶油派皮｜

01. 將製作奶油派皮的所有食材放入容器。

02. 可以用手，或是使用電動攪拌機彎勾配件，
以低速混合所有食材。

03. 混合中，會慢慢先呈現粗砂狀的質地。

04. 繼續攪拌，會見到較大的塊狀。

05. 慢慢用手指捏合塊狀的食材，成為一個均
勻的麵團。

06. 將麵團整形成圓形，使用保鮮膜包起來，
放入冰箱冷藏鬆弛至少 2 小時，隔夜也可
以。

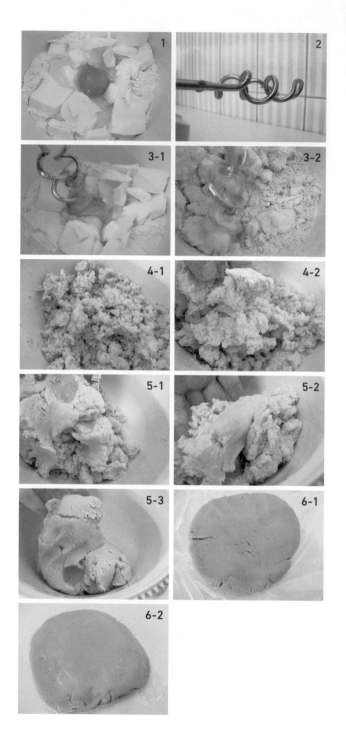

製作步驟 *Directions*

｜焦糖核桃內餡｜

01. 準備製作焦糖核桃內餡的所需食材。

02. 準備一個小鍋，放入奶油，小火加熱，直到奶油融化後，加入細砂糖。

03. 不要晃動鍋子，不要攪拌。

04. 焦化的過程，會先從邊緣開始，慢慢到中間。可以看到冒起小小的泡泡。

05. 圖為已經快要完成的階段。注意火勢，一定要用小火。晃動鍋子，讓焦糖受熱均勻（不要攪拌）。

　　Remark：一定要注意糖色的色澤變化，注意要小火，焦糖從琥珀色到焦黑，時間非常非常短。焦糖如果熬太黑，會發苦，就不能再食用。必須重新製作。

06. 焦糖成淡淡的琥珀色澤時，放入核桃碎。

　　Remark：放入核桃時，焦糖會黏住核桃，等加入鮮奶油後就會化開。

07. 小心地慢慢倒入經過略微加溫的鮮奶油。一樣小火加熱。用湯匙攪拌。

　　Remark：鮮奶油一定要慢慢倒入，不能一次全部快速倒入，以避免高溫焦糖核桃漫溢飛濺出來而造成危險。

08. 維持小火，直到焦糖完全融化於鮮奶油中，焦糖核桃內餡就完成了。

09. 焦糖核桃內餡完成後，要離火。靜置到完全冷卻，才能使用。

Notes

製作焦糖，人不可以離開爐火，全程必須仔細觀察糖在加熱過程中的變化。焦糖從美味的琥珀色到焦黑無法食用的過程，時間非常非常短，一旦不注意，就可能因此失敗，而必須重新製作。

Remark：焦糖非常非常燙，熬製焦糖時，不要讓小朋友在附近。剛剛完成的焦糖，溫度非常高，不要試味道，會因此造成燙傷。

製作焦糖時可以先準備一盆冰水或是冷水，當看見焦糖上色太快，可以將小鍋子的鍋底浸入冷水盆中，幫助鍋子迅速降溫。

製作準備 *Preparations*

摘要	說明		備註
烤箱	預熱溫度 200°C，上下溫		預熱時間 20 分鐘前
烤模	烤模或是深派模（示範深派模）如非使用不沾烤模，必須先抹上非常薄的奶油、灑粉。	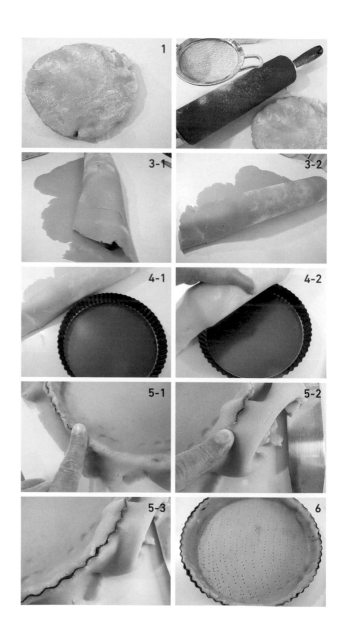	備用

製作步驟 *Directions*

｜奶油派皮和焦糖核桃內餡組合｜

01. 工作檯灑上少許麵粉，取約一半的麵團。

02. 使用擀麵棍，擀成大於烤盤的派皮。慢慢地讓擀麵棍在麵團上來回滾動，不要用壓擀的方式。

    Remark：使用篩子，先在工作檯與擀麵棍上篩上少許麵粉，特別是擀麵棍上，比較好操作。

03. 擀平後，用擀麵棍小心捲起。捲起前，先用長刮刀在派皮與工作檯之間劃開，派皮才不會因黏住工作檯而破裂。

04. 將派皮輕輕蓋在派模上方。

05. 用手，或是用小刀，切除多餘的派皮。

06. 派皮整形，讓派皮緊貼烤模，特別注意直角，完成的派皮厚薄均勻。使用叉子在派皮底部叉出小洞。

07. 填入準備好、完全冷卻的焦糖核桃餡料。

    Remark：一定要等餡料完全冷卻後才使用。才不會因為餡料的溫度，在烘焙前，融化派皮。

08. 用小湯匙抹平餡料，讓餡料均勻分佈在每一個角落。上方盡可能平整，烘焙完成才不會凹凸不平。

09. 以同樣的擀派皮方式，製作剩下的派皮，將派皮輕輕覆蓋在上方。

10. 多餘的派皮，不要切掉，用手指沿著派模邊壓入。

11. 壓邊的時候，要壓得稍微深一點，讓上方的派皮與下方的派皮能密合。這樣烘焙時，餡料才不會往外流。

12. 如果還有剩下的派皮，可以利用餅乾軋花模，做自己喜歡的裝飾。

13. 示範使用的小型餅乾軋花模。

    Remark：軋花前，將軋花模在麵粉中滾一下，可以避免沾黏。

14. 派皮刷的蛋黃，使用前，先打散。

15. 用小刷子，將蛋黃仔細地刷在派皮上。

16. 蛋黃要刷得薄而仔細。來回一共刷兩次。

17. 每一個角落都要刷上，完成的焦糖核桃派上色才會均勻而漂亮。

18. 使用叉子或是小刀，拉出花紋。

    Remark：切割要深，穿透上方的派皮，作為通氣孔，才不會因烘焙時，內餡受熱，派皮爆開。通氣口，不必多不必大，只有中間一點也可以。

19. 完成後，進爐烘焙。

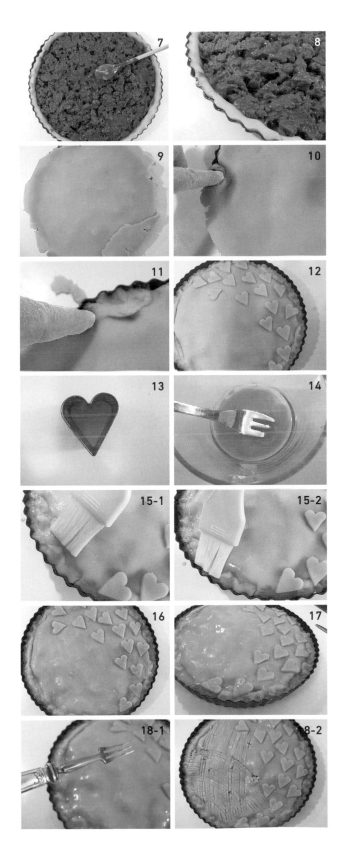

烘焙與脫模 *Baking & More*

摘要	說明	備註
烤箱位置	中下層，正中央	烤模放在烤盤上。
烘焙溫度	**200°C**，上下溫	一個溫度到完成。
烘焙時間	總計約 **40 ～ 45 分鐘**	直到核桃派均勻上色，特別是邊緣部份，可以看到明顯的金黃色澤。另外，在派皮上方的通氣孔四周，看見略微流出的焦糖，也代表焦糖核桃派完成了。
蓋鋁箔紙隔熱	烘焙結束 **20** 分鐘前，如有需要，在核桃派上方蓋鋁箔紙隔熱。出爐之前，檢查上色程度，如果糖色不足，可以再移除鋁箔紙，烘焙直到均勻上色，才出爐。	操作時，避免打開烤箱門的時間過長，以免影響烤箱內的溫度。
脫模時間	出爐後，先靜置於網架上，不要脫模。靜置直到完全冷卻，才可以脫模。	派點，不宜在完全冷卻前脫模，會因為派皮軟、內餡熱的狀況而裂開。
脫模後處理方式	放入有蓋容器中保存。	-

🍴🍽 享用&保鮮 *Enjoying & Storage*

- 焦糖核桃派，建議至少給予 2 天時間，讓焦糖、核桃與奶油派皮熟成，味道與食材完整結合後，再享用。
- 焦糖核桃派應該放入有蓋的容器中保存，不必放入冰箱冷藏。
- 在乾燥陰涼的室溫中，可以保存 7 ～ 10 天。
- 完成的焦糖核桃派，可以冷凍，在食用前，先移到冷藏室退冰後，再置於室溫中回溫。

📝 寶盒筆記 *Notes*

核桃是個油脂很高的堅果，新鮮的核桃成份中約有 60% 是油脂，所以，比較容易因為保存不當與包裝不當的緣故，而造成核桃氧化酸敗。當核桃有明顯的油耗味，這樣的核桃已經不能食用。

奶油派皮不能過度操作，會影響派皮的酥質地。

派皮完成後，必須經過冷藏鬆弛步驟，才能完成理想中的作品。

製作焦糖的食材中所使用的鮮奶油，只能使用動物鮮奶油，乳脂肪含量 32 ～ 36%。

製作焦糖時，要使用中小火，一定要顧爐。焦糖非常容易因為疏忽而熬出苦味，在快要完成與過焦的狀態間，非常快速。失敗的焦糖，絕對不能用來製作糕點。如果焦糖製作失敗，必須重新製作。

焦糖製作時，溫度非常高。應該注意安全。

請一定確實做好烤箱預熱和溫控動作。

一般家庭小烤箱的溫度稍微高，請依照自家烤箱特性調整。

淺談
塔與派

食材篇

01. 新鮮好食材＝真正好味道。

02. 製作塔與派所用食材的溫度，應該都是冷藏溫度。

03. 奧地利將塔派皮分為四大類：
    砂體塔皮（德文 Sandmasse，Sandteig）、
    鹹味塔皮（德文 salziger Muerbeteig）、
    甜味塔皮（德文 suesser Muerbeteig）、
    酥皮麵團（德文 Pastetenteig）。
    全部以原文字意直譯。

    無論製作哪一種塔派皮，所使用的基本食材都是：麵粉、油脂、鹽、濕性食材。濕性的食材因塔派皮類型而有雞蛋、清水與作製甜塔皮所需要的糖。食材的比例與製作方式是依據麵團類型與糕點種類而決定。這本食譜書中的塔派是使用砂體塔皮與甜味塔皮兩種塔派皮製作方式所完成。

    特別推薦甜味塔皮，具備食材簡單、製作容易、質地酥鬆、擁有豐富奶油香氣、軟嫩易於入口的特性。尤其適合用來製作大家所熟悉的各式堅果、水果與慕斯塔派。

04. 麵粉中的麵筋能給予塔皮所需要的韌性、結構與彈性，並且能夠將其他的食材結合成團。希望完成理想的塔派皮，需要使用有點筋度的麵粉，低筋麵粉或是中筋麵粉都是很好的選擇。麵粉中的麵筋，可以讓塔派皮有彈性，也更有支撐力與結構力。筋度比較低的蛋糕麵粉（cake flour）與糕點麵粉（pastry flour），比較不適合用於塔派皮的製作。

05. 塔派皮內所用的油脂，除了熟知的奶油之外，也可以使用動物脂肪，例如豬油，或是其他如乳瑪琳、白油、酥油、液態植物油……等製作。豬油與酥油所完成的塔派皮質地比較軟。使用豬油製作的塔派皮，所留下的強烈味道，會影響塔派本身與餡料的滋味。酥油是經過氫化而成固態的油脂，所擁有的奶油香氣來自於添加香料。至於酥油與白油，是否適合作為家庭烘焙的食材，請自己把關。

06. 微量的鹽，可以提味。灑一小撮的鹽，在甜味塔皮裡，可以讓塔皮的滋味更具有層次特色，而不會感覺到任何鹽的鹹味。

07. 糖，並不存在所有的塔派皮中，例如鹹味塔皮並不需要用到糖，但會使用其他濕性食材如清水與雞蛋，來調整鹹味塔皮的乾濕比例。在必須加入糖的塔派皮中，糖不僅僅是給予甜味，糖同時有抑制麵粉中的麵筋過度延展的作用，讓塔派皮柔軟而細膩。糖比例較高的甜塔派皮，塔皮質地會比較軟，操作的難度會因此提高。使用糖粉完成的塔皮有較為細膩的質地。

08. 雞蛋能增加甜塔皮的延展性與緊密度，讓塔皮比較容易擀開。

09. 甜塔皮中加入微量的泡打粉，可以提高塔皮的酥鬆度。泡打粉份量是麵粉份量的 1.0~1.5%，舉例來說，200g 麵粉約加入 2~3g 泡打粉。

10. 每一種麵粉的吸水度不同，塔派皮過於乾燥時，在擀麵過程中會比較容易碎裂，加入少許的冰水可以改善。請注意，用的是冰水；不是冷水，更不能用溫水與熱水，才能讓塔派皮保持低溫。

鳥巢塔

Vogelnest Makronenkuchen

甜蜜窩巢中的驚喜無限

材料 *Ingredients*

製作 1 個圓形塔派
塔派模直徑 240 ～ 260mm

食材	份量	備註
● 甜塔皮		
中筋麵粉	195g	建議 T55 麵粉。或用高筋與低筋麵粉各一半混合後，作為中筋麵粉使用
海鹽	刀尖量	-
無鹽奶油	110g	柔軟狀態
細砂糖	50g	
雞蛋	1 個	大號雞蛋，帶殼重量約 70g，打散
● 內餡		
蛋白	2 個	冷藏溫度。中號雞蛋，帶殼重量約 60g
細砂糖	140g	-
烘焙用杏仁粉	140g	帶皮或是脫皮杏仁磨成的細粉。馬卡龍用杏仁粉也可以；或可用其他的堅果粉，如核桃、榛果磨成的細粉
肉桂粉	刀尖量	-
● 裝飾		
杏桃果醬	3 ～ 4 大匙	過篩後使用
杏仁片	20g	
糖粉	適量	可省略

烤模 *Bakewares*

圓形分離式塔派模 .... 直徑 240～260mm　　1 個　（食譜示範）

製作步驟大綱 *Outline*

製作甜塔皮：製作麵團 》 第一次冷藏鬆弛 》 入模 》 第二次冷藏
　　　　　鬆弛 》 叉出小洞 》 盲烤 10 分鐘 》 去除重石與烘焙
　　　　　紙 》 烘烤 5 ～ 8 分鐘 》 出爐靜置冷卻
製作馬卡龍內餡：蛋白打粗泡 》 分次加入糖打發 》 加入杏仁粉
　　　　　　　與肉桂粉拌合
組合：塔皮抹上杏桃果醬 》 填入馬卡龍內餡 》 抹上果醬 》 拉花
　　　（可省略） 》 灑上杏仁片 》 烘焙
烘焙完畢 》 出爐後靜置於網架上 》 冷卻後脫模 》 灑上糖粉（可
　　　　省略） 》 完成

製作步驟 *Directions*

｜甜塔皮麵團｜

01. 準備好製作甜塔皮的所需食材。

02. 雞蛋使用前，先打散備用。

03. 麵粉中加入鹽。先混合後，再仔細過篩，備用。

04. 柔軟狀態的奶油，使用電動攪拌機以低速略微打發。

05. 分多次，加入細砂糖。打發直到糖粒融化，成為蓬鬆的奶油糖霜狀態。

06. 分多次，加入蛋汁。每次加入後都要仔細打發。

07. 最後加入先過篩好的麵粉與鹽，使用低速稍微攪拌，讓食材略微成團就可以。

08. 改用刮刀稍微壓合。

> **Remark**：加入乾粉後，盡可能不要過度攪拌，以免造成麵粉出筋。只要看到食材從粗砂狀變成結小團塊的時候，就不要再使用電動攪拌機操作，建議用刮刀或是用手，按壓與壓合，幫助麵團成團。

09. 將麵團整形成圓形。

10. 麵團用保鮮膜或是塑膠袋包好後，壓平壓扁，放入冰箱冷藏，進行第一次鬆弛，時間至少 60 分鐘。

> **Remark**：因為使用的塔派模是圓形，麵團在冷藏前，先壓平整成形，靜置鬆弛完成後，就可以直接擀開使用。

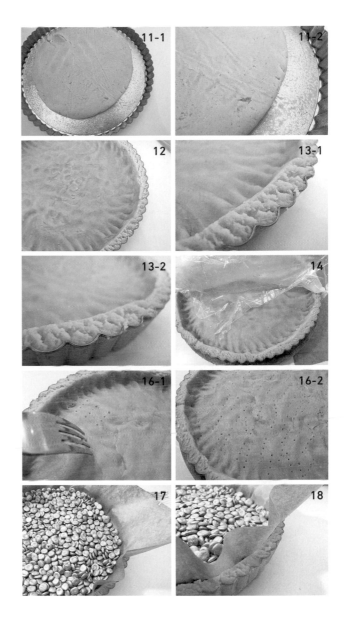

| 塔皮第一次鬆弛後－入模 |

11. 在分離式塔派模上，抹上薄薄的奶油。並取出鬆弛完成的塔皮。

12. 將塔皮壓入塔派模中。四周稍微厚一點。塔皮應該緊貼塔模，特別注意邊緣與直角，要確實壓合。可用小湯匙代替手，避免塔皮在操作中升溫。

13. 塔派模邊緣多餘的麵團部份，用小刀修掉。
Remark：修塔皮邊的方式，是從內往外。修掉的、多餘的塔皮是落在塔模外。

14. 塔皮蓋上保鮮膜，送入冰箱冷藏，再次鬆弛。時間最少 15 分鐘，理想是 30 分鐘。
Remark：塔皮放入冷藏時，一定要加蓋保鮮膜，保持塔皮的濕度，才不會因冷藏而乾裂，或是吸收冰箱的氣味而影響味道。

| 塔皮烘焙 |

15. 烤箱開始預熱到 170°C，上下同溫。

16. 完成鬆弛的塔皮，先用义子叉出孔洞。

17. 接著準備進行盲烤。先鋪一張烘焙紙在塔皮上，再將盲烤的重石倒入。
Remark：也可以使用米或是豆子。

18. 注意將重石分佈均勻，特別是烤圈邊緣。

19. 將塔皮放入烤箱中層，以 170°C、上下溫，進行烘焙。盲烤 10 分鐘後，除去盲烤的重石以及重石下的烘焙紙，繼續烘焙 5 ～ 8 分鐘，看到塔皮微微上色，就可以出爐。

20. 出爐後在網架上靜置，直到冷卻。

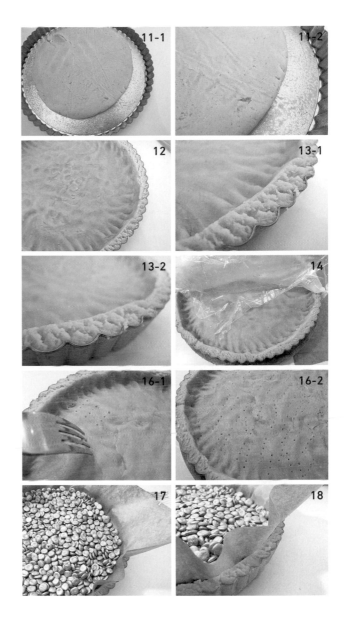

製作步驟 *Directions*

｜馬卡龍內餡｜

01. 新鮮的冰的蛋白（冷藏溫度），使用電動攪拌機的低速，先打出粗泡。

Remark：想要成功打發蛋白，所有器皿、用具、攪拌棒、甚至手，都要在使用前先確認，保持乾淨、無水、無油。

新鮮的雞蛋蛋白，比較容易打發。冰的蛋白所需要的打發時間比較長，打發完成的蛋白霜比較穩定。

Remark：也建議加入少許檸檬汁來提高蛋白的韌性，來減低蛋白霜消泡的可能。檸檬汁是份量外，若沒有檸檬汁，可以用白醋取代，份量約 1 小匙。

02. 分三次，加入細砂糖。使用電動攪拌機，全段以高速攪拌。

03. 直到蛋白霜出現明顯的折紋，拉起來時，落下的蛋白霜仍保持折痕。圖為完成的蛋白霜狀態。若蛋白打太乾太硬，滋潤度較差。

Remark：檢查容器底部，沒有流動的蛋白，才是正確的。若有流動的蛋白，就繼續再打，直到完成。

04. 接著加入杏仁粉與肉桂粉。

05. 改採手動方式，用刮刀從底部往上、由外往內，拌合到均勻，即完成。

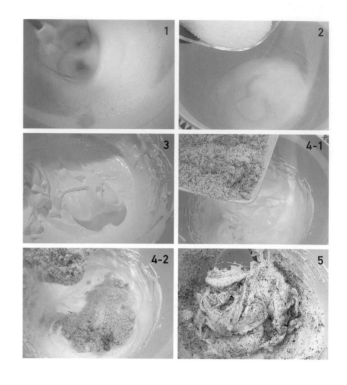

製作步驟 *Directions*

｜塔皮和馬卡龍內餡組合｜

01. 在冷卻的塔皮上，抹上 1 大匙經過過篩的杏桃果醬。

02. 將馬卡龍內餡填入擠花袋中，由外往內，沿著塔皮邊緣開始擠出圈形紋路。

Remark：也可以直接將馬卡龍內餡填入塔皮中，再用湯匙抹平就可以。

03. 將剩下的杏桃果醬，加在馬卡龍內餡上方，並用牙籤拉花。放射狀拉花的作法，是從中心開始往外，先等分為四，再等分為八，再次等分為十六。每次都從正中央開始往外緣拉。最後灑上杏仁片，就可以入爐烘焙。

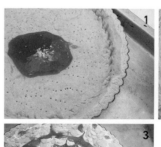

烘焙與脱模 *Baking & More*

摘要	説明	備註
烤箱位置	下層	使用烤盤。
烘焙溫度	**170°C**，上下溫	一個溫度到完成。
烘焙時間	**40 分鐘**	直到竹籤試驗，塔的正中央，沒有蛋白沾黏，才是完成的。
蓋鋁箔紙隔熱	如有需要，烘焙結束前 **15 分鐘**，可以在塔的上方蓋鋁箔紙隔熱。	示範的鳥巢塔沒有做這個動作。
脫模時間	出爐後，靜置在網架上，等完全冷卻才可脫模。	熱塔脫模，塔皮沒有固定，會斷裂。
脫模後處理方式	可以灑點糖粉做裝飾（可省略）。	-

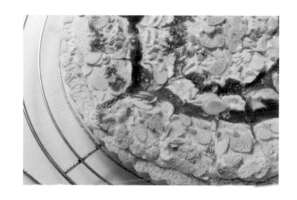

享用&保鮮 *Enjoying & Storage*

● 塔派，主要是嚐鮮。新鮮時刻享用，滋味最美。

● 雖然是直徑 24cm 的派，鳥巢塔的厚度約為 3 ～ 4cm，這個份量對小家庭一樣很合適。

● 如因氣候關係，鳥巢塔可放入冰箱冷藏，只要在食用前 30 分鐘取出，留在室溫中回溫即可。

寶盒筆記 *Notes*

過度操作的塔皮，特別容易乾裂，影響質地與口感，缺乏甜塔皮應有的鬆與酥特性。

麵粉，應該選擇優質的中筋麵粉，經過烘焙後的塔皮比較穩定，不容易回縮過多。

完成的塔皮麵團，應該先塑形成一個扁平的麵餅。麵餅厚度薄，可以減短冷藏鬆弛的時間，讓塔皮很快降溫，達到理想溫度。

如果一次製作的麵團份量很大，相對的，需要鬆弛的時間就比較長。建議隔夜冷藏，給予塔皮足夠的時間鬆弛，可以確保讓塔皮麵團達到理想狀態。

如果是製作圓形的派點，就整形成圓，再使用保鮮膜仔細包好。經過冷藏鬆弛後，就可以馬上擀開麵團製作。

製作甜塔時，塔皮一定要先經過冷藏鬆弛步驟。只要塔皮麵團經過操作，就要做冷藏鬆弛動作，這樣完成的塔，才能擁有一致的厚薄、高度，塔環部分才不會縮陷，影響外觀。

石榴巧克力塔

Schokoladentarte mit Granatapfel

石榴紅寶石，朱紅巧克力，
說一場繽紛熠燿，說一片錦緞滋味。

材料 *Ingredients*

製作 1 個圓形塔派
塔派模直徑 220 ～ 230mm

食材	份量	備註
● 塔皮		
低筋麵粉	150g	-
鹽	1 小撮	-
糖粉	55g	-
杏仁磨成的細粉	40g	使用帶皮或是脫皮杏仁磨成的細粉，或使用製作馬卡龍的杏仁粉
原味可可粉	40g	請使用烘焙用可可粉。加入糖及其他添加物的可可飲品粉，並不適合
無鹽奶油	130g	冷藏狀態，切成小塊狀
蛋黃	1 個	中號雞蛋，帶殼重量約 60g，室溫
● 巧克力內餡		
調溫苦味巧克力 70%	150g	比利時 Callebaut 巧克力，切成碎粒
動物鮮奶油 36%	300ml	請使用標準量杯，準確測量
雞蛋	2 個	中號雞蛋，帶殼重量約 60g，室溫
● 巧克力淋面		
調溫苦味巧克力 70%	200g	切成碎粒
動物鮮奶油 36%	100ml	請使用標準量杯，準確測量
● 裝飾－可省略		
新鮮石榴果粒	半個	季節鮮果都可以替代，例如藍莓、覆盆子、蔓越莓、草莓、芒果、甜橙……等。搭配不同鮮果，有不同風味
原味可可粉	適量	請使用烘焙用可可粉

烤模 *Bakewares*

圓形分離式塔派模………直徑 220 ～ 230mm ／高度 30mm　　1 個　（食譜示範）

製作步驟大綱 *Outline*

製作塔皮：塔皮食材除了雞蛋，使用食物調理機混合 》加入雞蛋 》手掌推麵團，直到滑順 》整形後包覆
　　　　保鮮膜 》第一次冷藏鬆弛 2 小時
塔皮入塔派模：將塔皮擀成圓形麵餅狀 》入模 》確實讓塔皮緊貼模底與烤圈 》包覆保鮮膜 》第二次冷藏
　　　　　　鬆弛 30 分鐘
烘烤塔皮：塔皮修邊 》叉子叉出孔洞 》盲烤 15 分鐘 》空燒 10 分鐘 》靜置冷卻，備用
製作巧克力內餡：巧克力加入鮮奶油中 》以微波爐中度加熱 》略微冷卻後，加入雞蛋 》填入塔皮中 》
　　　　　　　烘焙 30 分鐘
烘焙完畢 》出爐後在網架上靜置，直到完全冷卻 》只能在冷卻後做脫模、裝飾與冷藏動作
製作巧克力淋醬：鮮奶油倒入巧克力碎中 》以微波爐中度加熱 》淋在巧克力塔上 》冷卻後，裝飾 》完成

製作步驟 *Directions*

｜甜塔皮麵團｜

輔助工具：食物調理機
可用手或電動攪拌機，將所有食材混合成團。

01. 準備好製作塔皮的所需食材。奶油必須使用
　　　冷藏溫度的奶油，切成小塊狀。

02. 使用食物調理機，陸續加入麵粉、鹽、糖、
　　　杏仁粉、可可粉、奶油。

03. 食物調理機開啟中速，用「打－停－打－
　　　停」方式操作。每次攪打時間以 10 秒鐘為
　　　間隔（數到 10），總共操作約三～四次，
　　　直到質地成砂狀就可以。三張步驟圖顯示操
　　　作中的階段性變化。

04. 接著加入蛋黃。

05. 用「打－停－打－停」方式操作，每次攪打時間以 10 秒鐘為間隔（數到 10），總共操作約三～四次。完成後，質地變得比較濕潤，略微成小麵坨。

06. 將麵團倒在乾淨的工作檯上方。以手動方式，使用手掌掌心下方，推壓食材成團，來回數次，直到麵團均勻滑順。

07. 整形成圓。

08. 使用保鮮膜或是塑膠袋仔細密封。再次整形成圓形厚餅狀，放入冰箱冷藏靜置鬆弛，至少 2 小時。這是第一次塔皮鬆弛。

| 塔皮入模 |

09. 在分離式塔派模上，抹上薄薄的油，備用。可以不必灑麵粉，這裡示範的有灑麵粉。

10. 在乾淨的工作檯上，灑上少許麵粉，取出完成鬆弛後的塔皮，直接擀成厚薄均勻的圓形塔皮。擀開的圓形塔皮，直徑約 32cm。
Remark：鬆弛過的塔皮，不需要另外揉麵或回溫。

11. 使用擀麵棍將塔皮捲起，底面朝上，小心鋪進已備好的塔派模中。
Remark：塔皮如果有小的裂口，沒有關係。

12. 用拇指與食指，仔細將塔皮沿著烤圈壓緊，特別注意直角部份，讓塔皮緊貼底部。

13. 完成後，用塑膠袋密封，再度放入冰箱冷藏靜置鬆弛，至少 30 分鐘。這是第二次塔皮鬆弛。
Remark：塔皮入模後，先不要修塔皮邊。只要塔皮經過操作，不論時間長短、動作大小，都一定要再次靜置鬆弛。

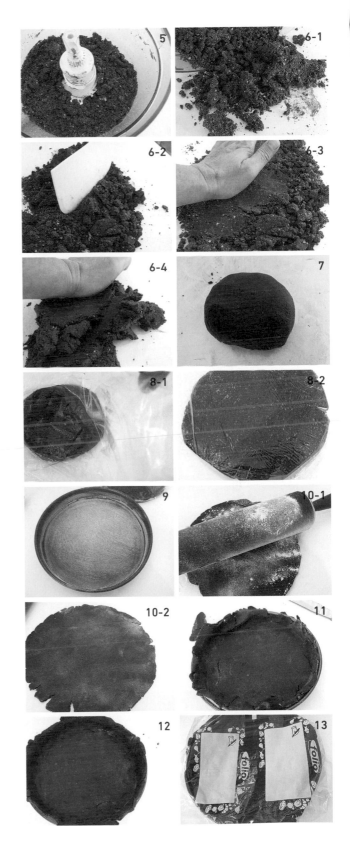

| 塔皮盲烤與空燒 |

烤箱預熱：溫度 200°C，上下溫，至少 20 分鐘

14. 完成第二次鬆弛的塔皮，取出後先修邊。

15. 塔皮底部用叉子叉出孔洞。

16. 接著準備進行盲烤。先在塔皮上鋪烘焙紙。

17. 在烘焙紙上擺放盲烤用重石。塔皮的角落、
烤圈邊緣，都要切實鋪滿重石。
Remark：也可以用生豆或生米。

18. 開始盲烤。使用網架，塔皮放入烤箱的中下
層，以溫度 200°C，上下溫，烘烤 15 分鐘。

19. 盲烤完成後，去除重石與烤紙。繼續讓塔皮
空燒，以 200°C 烘烤 10 分鐘。

20. 完成空燒的塔皮，靜置於網架上，冷卻
備用。

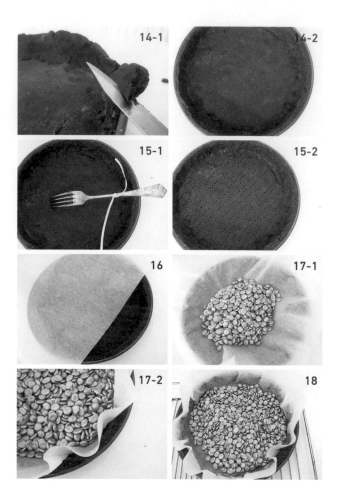

烘焙 *Baking*

摘要	說明	備註
烤箱位置	中下層	放網架上。
烘焙溫度	**200°C**，上下溫	-
烘焙時間	塔皮盲烤：**15 分鐘** 塔皮空燒：**10 分鐘**	-
出爐後處理	靜置在網架上直到完全冷卻，才能入餡。	-

製作步驟 *Directions*

| 巧克力內餡 |

烤箱預熱：溫度 150℃，上下溫，至少 20 分鐘

　　Remark：以隔水加熱，製作巧克力內餡，是另外一種取代微波爐的操作方式。

01. 準備好製作巧克力內餡的所需食材。

02. 巧克力切成碎粒。巧克力粒子越小，融化速度越快。

03. 再將巧克力碎加入鮮奶油中。請使用微波爐的適用容器裝盛。

04. 將容器放入微波爐，不加蓋，以中度功率加熱 1 分鐘。取出後，用矽膠刮刀劃圓拌合。

　　Remark：選擇低功率功能，慢速加熱，並延長加熱時間來製作甘納許巧克力醬，會比使用高功率更理想。

05. 再放進微波爐第二次，以中度功率加熱約 20 秒。取出後，用矽膠刮刀劃圓拌合。

06. 再次放進微波爐第三次，以中度功率加熱約 20 秒。取出後，用手動打蛋器劃圓，讓巧克力與鮮奶油均勻混合。

　　Remark：仔細檢查是不是還有巧克力沉底，如果顆粒過大，就再次送入微波爐短時間加熱。

07. 將完成的甘納許巧克力醬，靜置降溫，直到達到同體溫的溫度，手摸不燙。

08. 加入打散的蛋汁。建議邊慢慢倒入，邊拌合。

09. 直到均勻混合不見蛋汁。避免攪拌，避免在巧克力醬中拌入過多空氣。

　　Remark：加入蛋汁時，如果巧克力醬的溫度過高，熱度會讓蛋汁凝結，完成的巧克力內餡，會看到塊狀蛋花。

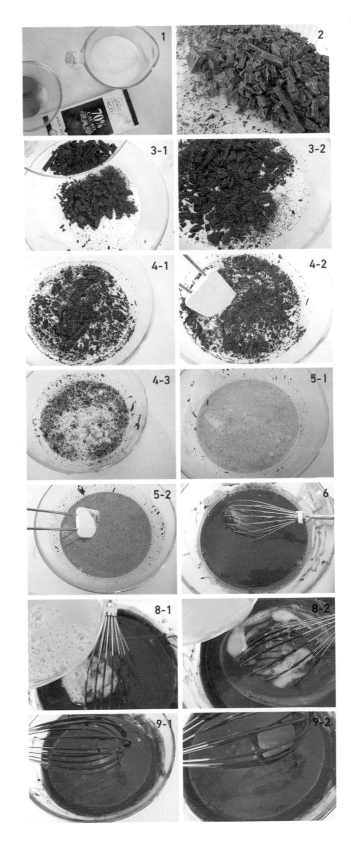

製作步驟 Directions

│ 巧克力內餡與塔皮組合 │

01. 將巧克力內餡填入經過烘焙、靜置冷卻的塔皮中。請從中央緩緩倒入。

Remark：塔皮必須完全冷卻後，才能入餡。

02. 完成後，入爐烘焙。烤箱溫度設為 150°C，上下溫，放置在烤箱中層。

03. 烘焙時間約 30 分鐘，直到內餡完成。取出後靜置在網架上冷卻。

Remark：完成時，中心已經凝結，質地微帶濕潤。避免烘焙得過乾，會影響口感。

04. 直到完全冷卻後，就可以脫模。

Remark：也可以暫時不脫模，等冷藏後再脫模。

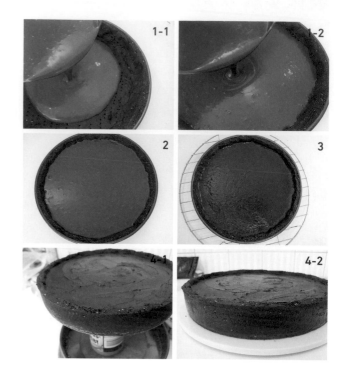

> *Notes*
>
> 塔皮經過烘焙後，都會略微內縮。內縮得越大、變形、下陷、內凹、高低不一等，都表示操作步驟上有應該改善的地方。

烘焙 Baking

摘要	說明	備註
烤箱位置	中下層	放網架上。
烘焙溫度	**150°C**，上下溫	-
烘焙時間	約 **30** 分鐘	直到塔的中央不是流質的，才完成。
出爐後處理	靜置在網架上直到完全冷卻，才能淋巧克力醬。	-

裝飾 *Decorations*

| 巧克力淋面 |

01. 將鮮奶油倒入碎巧克力中。請使用微波爐適用容器裝盛。

02. 將容器放入微波爐，不加蓋，以中度功率加熱 1 分鐘。取出後，用矽膠刮刀劃圓拌合。

03. 再放進微波爐第二次，以中度功率加熱約 20 秒。取出後，用矽膠刮刀劃圓拌合均勻。

04. 趁巧克力醬約是 30 ～ 40°C 的溫熱程度時，淋在冷卻的巧克力塔上，即完成。

　　Remark：巧克力塔靜置直到冷卻，才可裝飾，才可冷藏。

| 裝飾鮮果 |

05. 放上新鮮的石榴果實，灑上可可粉裝飾。

　　Remark：除了石榴，也可以搭配藍莓、覆盆子、蔓越莓、芒果、甜橙……等，自己喜歡的季節鮮果都可以。搭配不同鮮果，風味也會不同。

享用&保鮮 *Enjoying & Storage*

● 石榴巧克力塔，適合冷藏後享受。

● 新鮮石榴果實的自然甜與酸，搭配巧克力風味的塔皮，加上濃郁的苦味巧克力內餡，以及巧克力淋醬，讓石榴巧克力塔有著絕對讓人著迷的滋味。

● 冷藏的石榴巧克力塔，必須放在隔離的保鮮盒中，才不致於因為吸收冰箱異味而讓美好風味受到影響。

● 冷藏保存時，記得每天檢查，避免容器內有任何水氣，可以延長巧克力塔的保存期。

● 巧克力塔在冷凍保存前，要先仔細密封包裝，冷藏數小時，讓巧克力塔先緩慢降溫後，才放入冷凍庫保存。不建議將冷卻的巧克力塔直接送入冷凍室保存。

● 不當冷凍之後的巧克力，糖會因溫度下降的壓力產生俗稱的反砂現象（sugar crystallization process to sugar bloom），有時候也會看到巧克力塔中的油脂明顯地浮現在巧克力的表面。對外型與味道都有很大影響。

寶盒筆記 *Notes*

石榴巧克力塔，除了使用石榴之外，也可以利用其他鮮果與莓果，例如藍莓、覆盆子、蔓越莓、草莓、芒果、甜橙……等不同的鮮果滋味，營造自己最喜歡的巧克力塔。

製作塔派皮，需要耐心，需要時間。

每一個細節，是否正確掌握，都會反應在完成的塔皮上。

塔皮的製作，動作要快而確實。完成混合的塔皮麵團，最後在包裝後，放入冰箱冷藏至少一個晚上，才能讓塔皮得到充分的鬆弛。

製作環境的溫度如果太高，就必須注意塔皮的狀態與溫度。如果塔皮因操作關係，塔皮中的奶油升溫質地過軟時，應該再次冷藏鬆弛。

塔皮，只要過手、一次操作，就要鬆弛一次。

操作中，冷藏鬆弛的時間約需要 30 分鐘。

製作塔皮，要避免過度操作而造成出筋。過度攪拌與過度搓揉，都是塔皮製作時應該避免的動作。

塔皮入模後，確實用手將塔皮與烤圈捏緊，盡可能完全密合，塔皮與烤圈中間沒有空隙，烘焙後，就不會凹陷。直角部份與塔的底部，都要特別注意。

製作巧克力內餡時，溫度控制非常重要。

步驟操作中，使用輔助工具，如攪拌機、食物調理機、微波爐等，所列的操作時間與功能建議，都是參考數值。電器的功能與功率不同，應該以家電的實際性能為準。

奧地利奶酥蘋果派

Oesterreichischer Apfelkuchen mit Streusel

傳統奧地利人家的家傳奶酥蘋果派食譜，
全歐都為之瘋狂的地緣美食。

材料 Ingredients

製作 1 個圓形塔派
塔派模直徑 200mm

食材	份量	備註
● 奶酥派皮		
低筋麵粉	165g	-
泡打粉	1 小匙	平匙
鹽	1 小撮	-
細砂糖	50g	-
香草糖	1 大匙	可用香草精 1 小匙取代
無鹽奶油	65g	冷藏溫度
雞蛋蛋汁	40g	雞蛋先打散，取用 40g 蛋汁使用。室溫
● 內餡		
蘋果切片	380g	味道較酸的蘋果，滋味尤佳。蘋果削皮去核後，等分為四，再切成約 2 ～ 3mm 薄片
新鮮檸檬皮屑	半個	選用有機檸檬最佳，使用前用熱溫水沖洗並拭乾
新鮮檸檬汁	半個	-
細砂糖	20g	-
香草糖	10g	可用香草精半小匙取代
肉桂粉	1/2 小匙	喜歡肉桂的味道，可以調整到 1 小匙
● 杏仁奶酥酥頂		
低筋麵粉	40g	-
無鹽奶油	20g	-
細砂糖	10g	-
杏仁片	20g	-
● 裝飾－可省略		
粗蔗糖	適量	烘焙前使用。在台灣又稱為二砂糖
糖粉	適量	烘焙後使用。

烤模 Bakewares

圓形分離式塔派模.........直徑 200mm ／高度 35mm　　1 個　（食譜示範）
耐高溫陶瓷質烤模.........相等容量，無法脫模　　1 個

製作步驟大綱 *Outline*

製作奶酥派皮：乾粉類混合過篩 》加入砂糖與香草糖 》加入奶油 》加入雞蛋 》取出 **45g** 的奶酥另做酥
頂 》剩下的奶酥製作成派皮 》整形後包覆保鮮膜，冷藏鬆弛 》備用
製作蘋果內餡：蘋果片中加入檸檬皮屑與檸檬汁 》加入糖 》加入肉桂粉 》拌合均勻 》備用
製作杏仁奶酥酥頂：預留的 **45g** 奶酥加入麵粉、奶油、糖 》用手搓成粉團 》拌入杏仁片 》備用
派餡組合：派皮上叉洞 》填入蘋果內餡 》灑上杏仁奶酥酥頂 》入爐烘焙
烘焙完畢 》出爐後在網架上靜置，直到完全冷卻 》冷卻後脫模 》灑上糖粉裝飾（可省略）》完成

製作準備 *Preparations*

摘要	説明		備註
烤箱	預熱溫度 180℃，上下溫		預熱時間 20 分鐘前
烤模	烤模抹上薄薄的奶油。請使用分離式烤模，比較容易脱模。奶酥蘋果派比較高，請使用深派模，派模高度應該至少 35mm。		如使用非分離式的烤模，像是玻璃製或是陶瓷烤模，可以直接以烤模呈現，不需脱模
乾粉類	低筋麵粉、泡打粉、鹽先混合後，再過篩。		備用
無鹽奶油	冷藏溫度，直接從冰箱中取出使用。切小塊。		備用

製作步驟 *Directions*

｜奶酥派皮｜

01. 細砂糖與香草糖混合後，加入過篩好的乾粉中。

02. 加入切小塊的奶油。

03. 使用電動攪拌機，搭配彎勾配件，以低速混合食材。使用「開－停－開」的操作方式：開 20 秒，停，再開 20 秒，停。直到食材呈現粗砂狀。

04. 加入打散的雞蛋。

05. 繼續使用電動攪拌機，一樣的彎勾配件，以低速操作。使用「開－停－開」的操作方式：開 20 秒，停，再開 20 秒，停。直到食材呈現結團的粉塊狀，也就是不均勻，仍見乾粉與奶油塊，即完成奶酥。

06. 先取出 45g 的奶酥，做酥頂備用。剩下的奶酥全部做成派皮，填入烤模中。

07. 使用湯匙或是金屬壓棒，壓緊，先完成派底部分。

08. 再用手完成派緣，特別注意邊緣部份要壓得密實。

09. 完成的奶酥派皮，先用塑膠袋或保鮮膜密封後，放入冰箱冷藏靜置鬆弛 30 分鐘。開始準備蘋果派內餡。

| 蘋果內餡 |

10. 在切片的蘋果中，刨入新鮮檸檬的皮屑。

> **Remark：**蘋果片切成約 **3mm** 厚度，經過烘焙，較容易烤到軟透。
>
> **Remark：**檸檬先用熱水洗淨、擦乾後再使用。刮檸檬皮屑時，不要刮到下層白色的部份，不然會帶有苦味。

11. 加入檸檬汁。

12. 加入糖與香草糖。

13. 加入肉桂粉。如果喜歡肉桂的味道，可以增加份量到 1 小匙。

14. 使用叉子拌合，均勻就可以。蘋果片上帶著砂糖粒，會在烘焙中融化。

| 杏仁奶酥酥頂 |

15. 除了杏仁片之外，將製作酥頂的所有食材加入留用的 45g 奶酥中，用叉子或是用手，混合成粗砂礫狀。

16. 最後加入杏仁片，小心翻動，混合成杏仁奶酥，備用。

| 蘋果派入餡與酥頂 |

17. 用叉子在完成冷藏鬆弛的派底叉出通氣孔。

18. 填入蘋果內餡。

19. 盡可能鋪平蘋果片。

20. 加入酥頂，均勻平鋪在蘋果片上方。派的內緣也要仔細鋪滿。

21. 可以再灑上一點粗蔗糖在杏仁奶酥酥頂上方，增加香氣與甜度。（此步驟可省略）

22. 完成後，入爐烘焙。

烘焙與脱模 *Baking & More*

摘要	説明	備註
烤箱位置	中下層	放在烤盤上。
烘焙溫度	180°C，上下溫	-
烘焙時間	50 ～ 55 分鐘	直到酥頂上色，派的中央的色澤與邊緣相同，也會看到蘋果餡料開始沸騰冒小泡泡。
脱模時間	出爐後，靜置在網架上冷卻，約 30 分鐘後，才可脱模。	尚未完全冷卻前，不能脱模，派的蘋果餡還是熱的，出爐後，不要晃動。
脱模方式	首先脱去烤圈，在派的底部放一個罐頭，如有必要，先用小刀沿著烤圈劃開，將烤圈往下壓就可以順利脱去烤圈。接著，在派的上方放盤子，底部朝上翻過來，小心去除烤模的底盤。最後墊上網架，再翻過來，就完成。	-
裝飾	使用篩子，篩上糖粉（可省略）。	-

Remark：
如果希望順利脱模，一定要等完全冷卻後，才能進行脱模動作。因為蘋果內餡在烘焙後，質地非常軟，沒有完全冷卻前，派皮也非常柔軟，冷卻前脱模會斷裂，而造成失敗的成品。也可以等完全冷卻後，放入冷藏室，定形之後再脱模。
如果是使用玻璃製或是陶瓷製烤模，比較適合熱食。奧地利奶酥蘋果派非常適合熱熱的享受，可以不脱模。

奶酥蘋果派烘焙出爐後，從靜置待冷卻，到脱模完成。

 ## 享用 *Enjoying*

● 奧地利奶酥蘋果派，不論冷享受，或是熱
　享受，都非常好吃。兩種溫度，兩種滋味，
　都相當宜人。

 ## 保鮮 *Storage*

● 奧地利奶酥蘋果派，可以室溫保存，也可以
　冷藏。不論室溫或冷藏，保存時，當然要放
　在保鮮盒中。加蓋時一定要留下通氣孔，才
　不會讓蘋果派因為潮氣而濕軟腐壞。

● 水果製作的派點，一般保存期限都不長。如
　果在室溫內，加上夏天的高溫與環境濕度，
　建議在 2 天內食用完畢。

● 奶酥派皮、奶酥酥頂，都會因為時間而吸收
　蘋果的水分，會變得不酥不脆。

● 如果冷藏保存，記得抹除容器內的水氣，可
　以延長糕點的保存期。

寶盒筆記 *Notes*

奶酥製作，應該避免過度操作，才能保持奶酥的
酥脆口感。

奶酥入烤模時，要確實緊壓，特別注意烤模邊緣
部份，才不會在烘焙後，因為蘋果的重量而散開。

蘋果的種類以及蘋果切片的厚度，決定蘋果派的
口感。

蘋果內餡的糖量非常少，奶酥派皮的甜度讓整個
派點的滋味均衡。如果製作奶酥派皮時減低糖量，
會影響奶酥的質地與整個派點的味道與口感。

如果對杏仁過敏，酥頂可以不必加杏仁片製作。

如果喜歡肉桂的滋味與香氣，可以增加肉桂粉的
份量。

如果不是使用分離式烤模，最好等奶酥蘋果派冷
透後再脫模，才不會因為派尚未固定，在硬性脫
模之下，有可能毀了派的完整性。

奶酥蘋果派是一個內餡與派皮同時入爐烘焙的派
點，烘焙溫度與時間控制很重要，才不會有吃到
半生熟的奶酥派皮的可能。

奶酥的傳統做法是用雙手操作。只要記得使用冷
藏奶油，將全部食材搓成粗砂礫狀，就可以了，
這樣才能保持酥沙沙的特優口感。

淺談
塔與派

01. 塔派皮製作的三大重點：保持低溫、不要過度操作、給予塔派皮足夠的鬆弛時間。

02. 製作塔派皮，混合食材可用以下的方法：（1）雙手（2）電動攪拌機（3）食物調理機。

03. 在這三種製作方式中，我個人偏愛使用雙手。以製作甜塔皮為例，將食材（麵粉、糖、切塊的奶油、雞蛋）依序倒在工作檯上後，用雙手指尖將奶油搓入麵粉，直到成團。完成的塔派皮雖然看起來最不均勻，但在經過烘焙後，口感是最為酥鬆的。

    使用電動攪拌機，應該搭配攪拌機的平槳狀配件，全程以慢速操作。食材的次序是，糖與奶油拌合後，加入雞蛋或是其他濕性食材，最後才加入麵粉（加入麵粉後，應該改用彎鉤配件操作）。最後在工作檯上完成塔派皮的整形步驟。

    使用食物調理機，全程使用低速操作。食材的次序是先加入麵粉與糖，再加入切塊奶油，使用「開—關—開」的操作方式切割奶油與麵粉，然後加入雞蛋或是其他濕性食材，同樣使用「開—關—開」間斷操作，之後用手握麵團，如果結塊，就表示完成操作。如果無法結塊，可以另外加入適量的冰水混合，最後在工作檯上完成塔派皮的整形步驟。使用食物調理機雖然速度上最快，不過也最容易造成失敗的成品。操作時，必須非常小心速度的控制與食材混合的時間，才不會因為過度操作而讓塔派皮變得過於乾燥而硬實。

04. 塔派皮的種類與操作方式雖然不同，在食材混合過程中，變化是相同的：先從粗砂礫狀→到細碎麵團塊→到結合成團。

05. 製作塔派皮，不能揉、不能摔、不能用力，也不能用機械性攪拌……等方式。可以使用的操作方式是，用手推、壓、翻，達到食材均勻混合的目的。

06. 完成製作的塔皮，整形成需要的形狀後，必須仔細密封，才能放入冰箱進行第一次的冷藏鬆弛。建議塔皮先略微整形後，才放入冰箱冷藏鬆弛。這樣鬆弛完的塔皮，只需要稍微擀開就可以了。

07. 冷藏鬆弛的時間越長，塔派皮的穩定性越高。

08. 完成第一次冷藏鬆弛後的塔派皮，經過擀麵與入模後，應該進行第二次冷藏鬆弛。

09. 製作與操作時要留心塔皮的溫度。塔皮的溫度過高，奶油融化、塔皮過軟，就會增加操作上的難度。因為手溫或環境溫度讓塔派皮升溫而過軟時，可以再次放入冰箱冷藏降溫後，再操作。

10. 塔皮剛從冰箱取出的時候，會比較硬，可以留在室溫中略微回軟，或是使用擀麵棍均勻輕敲塔皮。要注意回溫時間不可過長，當塔皮太軟時，在烘焙中會容易因為奶油融化的緣故而變形。

11. 擀塔皮時，工作檯上與手上如果使用過多的麵粉，會讓塔皮變得乾燥，反而容易乾裂。應該留意手粉的用量。

12. 手有手溫，盡可能不要用手接觸塔皮。無論在操作中，還是轉移塔皮入模，都應該使用擀麵棍或是其他輔助用的工具完成動作。

13. 塔皮入模後，應該讓塔皮緊貼烤模底部與烤圈，讓塔皮與烤模間不要留下空間。特別注意每一個邊圈的直角部份，最好使用輔助工具，例如小湯匙，仔細地確實壓合（盡可能避免用手）。烘焙完成的塔皮才能有理想的外型。

14. 完成第二次冷藏鬆弛後，才用小刀修除烤模邊緣多餘的塔皮。切除動作是由內往外，切除的塔皮才不會落在塔模內。建議邊緣要稍微比塔模高一點，可以讓盲烤後，塔皮回縮的現象比較不會那麼明顯。

迷你椰子塔

Mini Coconut Tart

融合椰子與奶油的自然香氣，
迷你熱帶島嶼滋味，齒頰滿滿留香，最是迷人。

材料 *Ingredients*

製作 24 個迷你椰子塔
馬芬烤模 380×270×60mm
每個迷你馬芬內徑 45mm

食材	份量	備註
● 奶油塔皮		
低筋麵粉	150g	-
細砂糖	50g	也可使用糖粉
鹽	1 小撮	-
無鹽奶油	75g	冷藏溫度
雞蛋	半個	一個雞蛋打散後，取一半的蛋汁使用。中號雞蛋，帶殼重量約 60g，室溫
● 椰蓉內餡		
椰絲	100g	英文：Shredded coconut，或稱椰蓉，乾燥
細砂糖	40g	-
鹽	1 小撮	-
雞蛋	1 個	中號雞蛋，帶殼重量約 60g，室溫
全脂鮮奶	4 大匙	室溫
無鹽奶油	40g	隔水加熱，融化奶油成液態。使用時，溫度不可超過 40°C
● 椰塔裝飾－可省略		
糖漬櫻桃	12 粒	瀝乾水分使用

烤模 *Bakewares*

迷你馬芬烤模 24 連........烤模 380×270×60mm　　1 個　（食譜示範）
　　　　　　　　　　　　每個迷你馬芬內徑 45mm
大馬芬烤模 12 連..........每個馬芬模直徑 70mm　　1 個
蛋塔模......................直徑 70mm　　　　　　　12 個

製作步驟大綱 *Outline*

製作塔皮：所有食材混合成麵團 》放入冰箱冷藏鬆弛
製作椰蓉內餡：椰絲中加入糖與鹽 》加入打散的鮮奶蛋液 》加
　　　　　　　入融化奶油 》均勻混合
組合：塔皮擀平 》用餅乾壓花模具壓出小塔皮 》入模 》戳小孔
　　　洞 》填入椰蓉內餡 》糖漬櫻桃裝飾（可省略）》烘焙
烘焙完畢 》靜置 10 分鐘後，脫模 》完成

製作步驟 *Directions*

｜塔皮｜

01. 將麵粉、砂糖、鹽、奶油放入一個大容器中。以手動方式，或可使用塔皮奶油刀，切割混合食材。

　　Remark：奶油直接從冰箱冷藏室取出，切小塊後使用。

02. 加入打散的蛋汁。

03. 將所有食材混合成一個麵團。示範是使用塔皮奶油刀來切拌食材。

04. 食材會漸漸地成為粗粗的砂狀碎粒。

05. 再用手將塔皮壓成團。

　　Remark：塔皮製作，也可以使用刮刀、刮板、叉子、木匙、飯勺等。個人很喜歡全程用手操作。

06. 塔皮麵團用保鮮膜包好，放入冰箱冷藏 1～2 小時鬆弛，隔夜也可以。

　　Remark：塔皮食材均勻混合就可以停止動作。過度攪拌和揉搓而成的塔皮麵團，在烘焙後，缺乏酥鬆的特質。塔皮一定要經過冷藏鬆弛的步驟才使用。

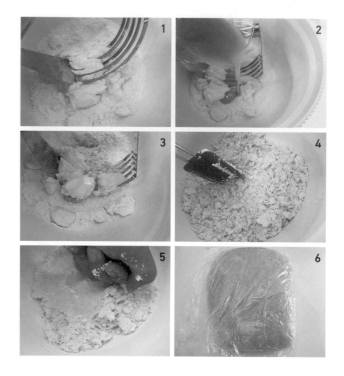

製作準備 *Preparations*

摘 要	説 明	備 註
烤箱	預熱溫度 180°C，上下溫	預熱時間 20 分鐘前
烤模	如果使用的並非不沾烤模，就需要抹油灑粉。	備用
無鹽奶油	將無鹽奶油隔水融化，或是用微波爐的低功率融化成液態奶油。	備用

製作步驟 *Directions*

| 椰蓉內餡 |

01. 取一個大容器放入椰絲，再加入細砂糖
與鹽。

02. 將雞蛋加入鮮奶中，打散。

03. 把打散的鮮奶蛋液，倒入放椰絲的容器中。

04. 再加入融化的奶油。

05. 用刮刀或是湯匙，將所有食材混合成為餡
料。請不要用攪拌機。

06. 食材完全混合均勻就可以。

製作步驟 *Directions*

| 椰子塔組裝 |

01. 將冷藏鬆弛的塔皮揉勻。放在灑上少許麵粉的工作檯上，擀成一個厚薄均勻的麵餅，厚度約為 7mm。

02. 使用直徑 55mm 的餅乾壓花模具，壓出小塔皮。

　　Remark：為了避免餅乾壓花模具沾黏，在使用前，可以先沾些麵粉。

03. 將塔皮小心地放入迷你馬芬烤模的凹槽中，從中心稍微往底部輕壓一下，讓底部平整。重複動作，直到所有的塔皮用完。

04. 用牙籤或其他尖細的東西，在每個塔皮上戳出通氣的小洞。

05. 將椰蓉內餡仔細填入每個小塔皮上方。

　　Remark：我是用手。椰蓉最好稍微壓緊，這樣中間就不會有空氣，在烘焙後也不容易散落。

06. 糖漬櫻桃切半，在每個椰子塔上放上半顆，並稍微輕壓，烘焙後，比較不容易掉落（此動作可省略）。完成後，進行烘焙。

烘焙與脫模 *Baking & More*

摘要	說明	備註
烤箱位置	中層，正中央	使用網架。
烘焙溫度	170 ～ 180°C，上下溫	一個溫度到完成。
烘焙時間	20 ～ 22 分鐘 依塔皮厚薄、內餡份量而異	烘焙直到椰蓉的表面呈現淡淡金黃色，就可以出爐。
脫模時間	出爐後，靜置 10 分鐘使其稍微冷卻，再利用小牙籤等工具，將迷你椰塔挑出來。	-
脫模後處理方式	靜置於網架上直到完全冷卻。	-

出爐的迷你椰子塔，稍微冷卻後用工具挑出。

 ## 享用 *Enjoying*

- 等椰子塔完全冷卻後，可以放在密閉的餅乾盒，或是玻璃器皿中。放至隔日享用，餅乾塔皮吸收了足夠的椰蓉香氣，更加潤澤可口。

保鮮 *Storage*

- 迷你椰子塔以常溫保存即可，不需要冷藏。只要保存的環境做好隔絕與乾燥，可以保持 2 個星期以上的美味。

 ## 寶盒筆記 *Notes*

塔皮製作，建議使用刮刀、橡皮刀、叉子、或是用手，以手動方式操作。

塔皮麵團完成後，一定要經過冷藏的過程，讓塔皮有鬆弛的時間，烘焙後才不會回縮。

在填入椰絲內餡前，塔皮應該要先壓平，並戳出孔洞。

填入內餡後，放上糖漬櫻桃時，都要記得輕壓一下，烘焙後，才不會散落。

天氣溫度過高時，製作塔皮會有點難度。建議將冷藏的塔皮分成 2 ～ 3 份，分批製作。

如果塔皮麵團過軟，可以放回冰箱冷藏 10 ～ 15 分鐘後，再操作。

製作塔皮時，工作檯上要灑上少許的麵粉才不會沾黏。麵粉份量過多，會讓塔皮變得乾燥而容易開裂，這樣的塔皮滋潤度變低，口感也會受到影響。

一品酥頂乳酪塔

Kaesetarte mit Streuseln

一品極致，只為留下你的心。

材料 *Ingredients*

製作 12 個乳酪塔
12 連馬芬烤模／每個馬分直徑 70mm

食材	份量	備註
● 塔皮		
無鹽奶油	125g	柔軟狀態
細砂糖	125g	-
雞蛋	1 個	中號雞蛋，帶殼重量約 60g，室溫
低筋麵粉	250g	-
泡打粉	1 小匙	平匙
鹽	1/4 小匙	-
● 乳酪內餡		
乳酪 34% 乳脂肪	400g	英文：Cream cheese，原味全脂 34% 乳脂肪。室溫
細砂糖	120g	-
新鮮檸檬汁	半個檸檬	-
雞蛋	1 個	中號雞蛋，帶殼重量約 60g，室溫
蛋黃	1 個	中號雞蛋，帶殼重量約 60g，室溫
無鹽奶油	120g	融化奶油成液態
雞蛋布丁粉	30g	可用等量玉米粉，加 1 小匙香草精替代。玉米粉英文：Corn Starch
● 酥頂		
低筋麵粉	3 人匙	-
杏仁片	2 大匙	-
開心果碎粒	1 小匙	-
● 裝飾－可省略		
糖粉	適量	

烤模 *Bakewares*

12 連馬芬烤模 .... 每個馬芬直徑 70mm　　1 個　（食譜示範）

製作步驟大綱 *Outline*

製作塔皮：奶油加糖打發 》加入雞蛋 》加入乾粉 》拌勻 》整形後包入保鮮膜 》冷藏鬆弛至少 30 分鐘

製作乳酪內餡：乳酪加糖攪拌 》加入檸檬汁 》分次加入雞蛋 》加入融化奶油 》加入布丁粉 》拌合均勻

塔餡組合：塔皮麵團取 330g，分成 12 等份 》放入馬芬模中 》壓模 》填入乳酪內餡

酥頂製作：剩下的塔皮麵團加入麵粉 》搓成粉團 》灑在塔上 》灑杏仁片與開心果粒 》烘焙 35 ～ 40 分鐘 》閉爐熄火，留小縫，靜置在烤箱中 30 分鐘

烘焙完畢 》出爐後在網架上靜置，直到完全冷卻 》冷卻後脫模 》灑上糖粉裝飾（可省略）》完成

製作步驟 *Directions*

| 塔皮 |

01. 將泡打粉與鹽都加入麵粉中,混合後過篩,備用。

02. 雞蛋打散,備用。

03. 使用電動攪拌機,低速,先略微打發奶油。

04. 在奶油中加入糖,打發。

05. 分兩次,加入蛋汁。略微打發,直到均勻。

06. 接著,加入過篩好的乾粉。

07. 改以手動方式,使用刮刀將乾粉與奶油糊翻拌。

08. 直到所有食材均勻混合成團。

09. 將麵團擀平成長方形,使用保鮮膜或是塑膠袋仔細密封,放入冰箱冷藏靜置,鬆弛至少30分鐘。

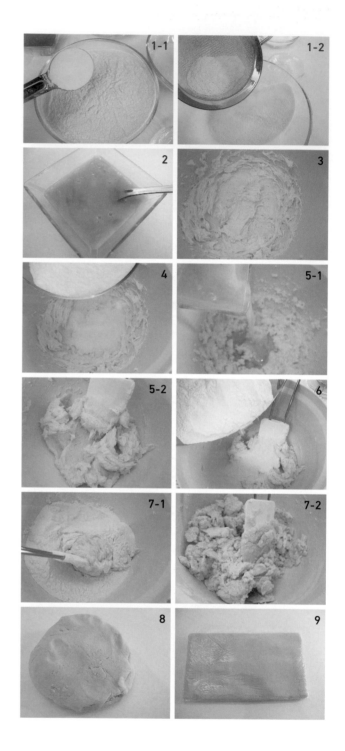

製作準備 *Preparations*

摘要	說明		備註
無鹽奶油	切小塊，用隔水加熱或是利用微波爐低功率加熱方式，融化奶油成液態奶油。避免過度加熱。		備用

製作步驟 *Directions*

｜乳酪內餡｜

使用電動攪拌機，全程低速操作。

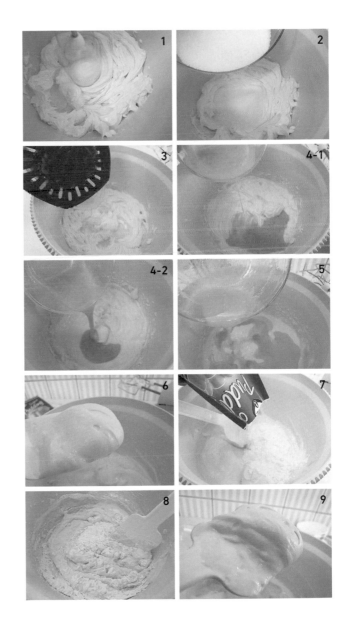

01. 使用電動攪拌機，將乳酪攪拌至潤滑狀態。

02. 加入全部的糖，攪拌直到糖融化。完成的乳酪糊質地滑而軟。

03. 加入檸檬汁。

04. 分兩次，加入打散的蛋汁。建議邊慢慢倒入，邊攪拌，直到均勻不見蛋汁。

　　Remark：乳酪蛋糕中不宜拌入過多的空氣，才能保持蛋糕質地，加入蛋汁後，只要蛋汁融入乳酪，就可以。

05. 加入融化奶油，拌合均勻。

06. 此階段步驟完成時，奶油乳酪糊的狀態。

07. 最後加入布丁粉。

08. 以手動方式拌合，直到食材均勻融合即可。

09. 乳酪糊完成時的狀態，類似卡士達醬的色澤與質地。

製作準備 *Preparations*

摘要	説明	備註
烤箱	預熱溫度 180°C，上下溫	預熱時間 20 分鐘前
烤模	先在馬芬烤模上抹薄薄的油，再放上烘焙紙條作為拉紙。	拉紙是為了脱模方便

製作步驟 *Directions*

| 塔皮與內餡組合 |

01. 取出完成鬆弛的塔皮麵團。

02. 將塔皮麵團切取 330g 後，等分切割成 12 份。剩下的塔皮放回冷藏，備用。

　　Remark：塔皮從冷藏取出後，不必再次揉軟整形，直接使用。

03. 將每一個小的塔皮麵團，依序放入抹好油的馬芬模中。

04. 準備一個金屬棒壓模，使用前先沾點麵粉，可防止沾黏。

　　Remark：也可用其他圓底器皿，金屬製的比較不容易沾黏。或是用手捏出塔形。

05. 將金屬棒壓入塔皮麵團中，一個一個依序完成壓模。

06. 中間壓完之後，製作塔緣，高度約是馬芬模的三分之二。

　　Remark：塔的底部不要太薄，烘焙後，乳酪餡才不會流出。

07. 均勻填入乳酪內餡。

08. 餡料填到高高滿滿的，高出塔杯的高度，也沒有關係。

| 酥頂製作 |

09. 將剩下的冷藏塔皮，放入容器中，並加入 3 大匙（平匙）的低筋麵粉。

10. 用叉子或是用手，搓成粉團，完成酥頂。

　　Remark：混合就好，不要過度搓揉。搓揉時間越長，酥頂的酥脆度越差。形成粗砂狀即可。

11. 將酥頂均勻地灑在乳酪餡料的上方，不要下壓。

12. 酥頂的組裝完成。

13. 上方再灑上杏仁片，或是一點開心果碎粒。完成後，入爐烘焙。

烘焙與脫模 *Baking & More*

摘要	說明	備註
烤箱位置	下層	放在烤盤上。
烘焙溫度	180°C，上下溫	＊乾烘法＊
烘焙時間	烘焙：35 ～ 40 分鐘 閉爐：30 分鐘，在熄火的烤箱中，開小縫，靜置	烘焙直到酥頂上色，塔的中央不是流質的，才完成。
脫模時間	出爐後，靜置在網架上直到完全冷卻。	酥頂乳酪塔不能在尚未完全冷卻前脫模，需完成閉爐動作，出爐後，不要晃動。
冷卻後處理方式	脫模。如果有拉紙，會比較容易些。	如果乳酪沾黏在烤模邊緣上，應該先用小刀劃開沾黏處，就不會破壞乳酪塔的完整。
裝飾	使用篩子，篩上糖粉（可省略）。	-

Remark：
脫模，一定要等到酥頂乳酪塔完全冷卻後，才能進行脫模動作。乳酪內餡在烘焙後，質地非常軟，沒有完全冷卻前，塔皮的硬度不夠，會因為硬性脫模而斷裂，而造成失敗的成品。使用拉紙，會讓脫模容易些。如果忘記準備拉紙，可以利用竹籤、鋼針等，幫助脫模。也可以等冷藏定形之後再脫模。

享用 *Enjoying*

- 一品酥頂乳酪塔，非常特殊，可以室溫享受，也可以冷藏後享受。味道不同，一樣讓人非常非常喜歡。

- 室溫時的一品酥頂乳酪塔，質地像是蛋塔，味道自然比蛋塔好。

- 冷藏之後，一品酥頂乳酪塔有著乳酪蛋糕的特優質地，加上杏仁酥頂，美味異常。

保鮮 *Storage*

- 一品酥頂乳酪塔可以不必冷藏。不論存放在室溫或冷藏，保存時，應該要放在保鮮盒中。加蓋是必要的，以免吸取惡氣，影響乳酪塔的好滋味。

- 乳製品的糕點，一般保存期限都不長。如果在室溫內，加上夏天的條件，建議在 2 天內食用完畢。因為乳酪塔真的很好吃，所以一般是沒有吃不完的問題。

- 如果冷藏保存，記得抹除容器內的水氣，可以延長糕點的保存期。

- 乳酪塔也可以冷凍方式保存。冷凍前，應該先至少冷藏 4 個小時，等乳酪塔定型後，仔細密封包裝後，再冷凍。以冷凍方式保鮮，約有 2 個月賞味期。冷凍後，食用前應該放在冷藏室內慢慢解凍。

寶盒筆記 *Notes*

烤好的乳酪塔,會略微回縮,這是正常的現象。

請勿採用帶有鹽味的乳酪,或是作為抹醬之用的乳酪來製作。會影響整個乳酪塔的味道。

乳酪塔在完全冷卻前,不可脫模。熱脫模,容易造成失敗的作品。

建議在後段烘焙時間,約入爐 20 分鐘後,如果看到乳酪內餡受熱膨起過高,可以打開烤箱門一下,然後立刻關上,幫助散熱。也可視情況降低烤溫,如果降低溫度,烘焙時間或許會需要延長。

如果沒有適時降溫,乳酪塔或有中間爆裂的可能。

乳酪內餡製作時,應該避免拌入過多空氣。不要打發、不要過度攪拌。烘焙後,才能保持很棒的乳酪質地。

如果切開時,乳酪塔中間有空洞,有可能是內餡製作時,過度操作。或是因為烘焙的高溫,讓乳酪上升膨起後,向四方溢開而造成的。並不影響美味度。

＊關於酥頂的製作:

製作環境中溫度太高的確會增加酥頂操作的難度。

可以將用來製作酥頂的塔皮麵團先放入冷凍(在分割塔皮之後),取出製作酥頂、加入麵粉時,使用叉子代替手來製作。

另外,也可以多加 1～2 大匙的麵粉,雖然會改變酥頂的質地,讓酥頂在口感上比較乾燥,但是會稍微比較好操作。

在灑上酥頂時,可以在塔的中心部份多放一點,烘焙後比較看不出凹陷。

＊酥頂凹陷的問題:

如果在製作乳酪內餡時,攪拌過度、拌入過多的空氣,在烘焙時受熱,加上乳酪食材本身的特性,就會在烘焙過程中過度膨起。結果冷卻後,乳酪聚集在外緣,中間是空的,成品會產生比較嚴重的凹陷。

成品冷卻後切開,如果看到很多大小孔洞,側切面是中間低凹、外緣高起的 ring,極大的原因是過度攪拌加上烘焙溫控不佳所造成的。雖然不夠美觀,但是完全不影響好味道,只要在下次製作時減少高速與過度攪拌,並且注意烘焙溫度就可以改善。

不論製作什麼點心,只要是經過烘焙,都不要讓烘焙物急速降溫。點心出爐後,不要放在上風的地方,不要讓蛋糕急速冷卻。

心得，是經過手
到達心，所得到的禮物

只有繼續練功
才能得到禮物

淺談
塔與派

01. 準備盲烤時，要先在塔皮上用叉子均勻戳上通氣孔，然後鋪上烘焙紙，才能鋪上重石（或是豆子、生米）。重石應該均勻分佈，特別注意塔模邊緣與直角部份，應該確實填滿，完成盲烤的塔皮，才能有均勻而平整的外觀。完成盲烤後，取出烘焙紙與重石，馬上入爐繼續烘焙。在入爐前，可以先在塔皮底部刷上打散的蛋黃液，能增加塔皮的香氣，也讓塔皮有比較好的隔離作用。如果刷了蛋黃液，烘焙到均勻上色就可以出爐。

02. 完成烘焙的塔皮，不論需不需要經過二次烘焙，一定要在出爐後靜置散溫，直到完全冷卻後，才能繼續填入餡料的動作，不需脫模。塔皮在還有溫度時，質也並不穩定，沒有支撐力，若在此時填入餡料，會讓塔皮破裂而造成失敗的成品。

03. 使用熟塔皮，如果餡料的含水量較高，例如乳酪內餡、鮮果內餡、卡士達醬……等，可以在填入餡料前，先做一層「隔離」工序，也就是在塔皮底部塗抹融化的黑或白巧克力、果醬、椰子油。所選用的隔離食材應該搭配塔派內餡，以溫和襯托主題食材風味為主。

保存要領

● 少數的塔派能夠在室溫保存。絕大多數的塔派必須以冷藏溫度保鮮。

● 鮮果塔派、乳酪塔派、檸檬塔、布丁塔派、生乳塔……等含水量比較高的塔派，應該新鮮做、新鮮享用。存放的時間越長，塔皮即使做了隔離，還是會慢慢吸收食材中的水分而變得濕潤，影響塔派的質地。

● 各種堅果塔，屬於保存期較長並可以室溫保存的塔派，例如書中示範的焦糖核桃派，必須經過一定的熟成時間，更能體會塔派皮揉合內餡的好味道。需要冷藏保鮮的巧克力塔，如果沒有搭配鮮果，一般能保存1週的時間。

● 塔派放在乾淨蛋糕盒中保存是絕對必要的。

● 塔派經過仔細密封包裝，以冷凍方式可以保鮮約1個月的時間。使用鮮果製作的塔派，不能冷凍保鮮。

繽紛生巧克力塔

Schokoladentarte mit Erdbeeren

| 糕點類別… **塔派**
| 難易分類… ★★☆☆☆

苦也繽紛，甜也繽紛，
你的陽光，我的融化。

材料 *Ingredients*

製作 1 個圓形塔派
塔派模直徑 220 ~ 230mm

食材	份量	備註
● 塔皮		
低筋麵粉	150g	-
無鹽奶油	75g	冷藏狀態，切成小塊狀
細砂糖	55g	-
杏仁磨成的細粉	60g	帶皮或是脫皮杏仁磨成的細粉。也可用製作馬卡龍的杏仁粉
冰水	20ml	視麵團吸水度調整份量
● 甘納許生巧克力內餡		
調溫苦味巧克力 64 ~ 70%	250g	使用 Callebaut 巧克力鈕扣。如使用巧克力磚，須切成碎粒
蜂蜜	90g	示範是使用花蜜
動物鮮奶油 36%	300ml	使用標準量杯，請準確測量
無鹽奶油	30g	融化成液態
● 裝飾－可省略		
新鮮草莓	200 ~ 250g	藍莓、覆盆子、蔓越莓、草莓、芒果、甜橙……等，季節鮮果都可以替代使用。生巧克力塔搭配不同鮮果，風味不同。生巧克力塔也可單純享受
糖珠	適量	可省略
開心果粒	適量	可省略
新鮮薄荷葉	適量	可省略。薄荷葉可以增加生巧克力澀味的層次感，建議使用

烤模 *Bakewares*

圓形分離式塔派模...直徑220~230mm／高度30mm　　1個　（食譜示範）

製作步驟大綱 *Outline*

製作塔皮： 使用食物調理機，混合麵粉與切塊奶油 》加入杏仁磨成的細粉、糖、冰水，攪打 》手掌推壓麵團，直到滑順 》整形成圓 》包上保鮮膜 》第一次冷藏鬆弛 2 小時

塔皮入模： 將塔皮放在兩張烘焙紙之間 》擀成圓形麵餅狀 》入模 》確實讓塔皮緊貼模底與烤圈 》包上保鮮膜 》第二次冷藏鬆弛 30 分鐘

塔皮盲烤與空燒： 修邊 》叉子叉出孔洞 》盲烤 15 分鐘 》空燒 10 分鐘 》靜置冷卻，備用

製作甘納許生巧克力內餡： 蜂蜜加入巧克力碎中，備用 》鮮奶油加熱直到沸騰 》鮮奶油倒入巧克力與蜂蜜中 》靜置 2 分鐘後拌合 》加入融化奶油 》拌合直到滑順

組合： 將甘納許生巧克力內餡填入塔皮中 》靜置冷卻 》冷藏 》脫模 》裝飾 》完成

製作步驟 *Directions*

｜製作塔皮麵團－第一次鬆弛｜

輔助工具：食物調理機
可用手或電動攪拌機，將所有食材混合成團。

01. 準備好製作塔皮的所需食材。奶油，必須是
冷藏溫度，切成小塊狀。

02. 在食物調理機中放入麵粉以及切塊的奶油。

03. 食物調理機開啟中速，用「打－停－打－
停」方式操作。每次攪打時間以 10 秒鐘為
間隔（數到 10），直到質地成砂狀。

04. 加入杏仁磨成的細粉。

05. 再加入細砂糖。

06. 接著倒入冰水。

07. 食物調理機一樣開啟中速，用「打－停－
打－停」方式操作。每次攪打時間以 10 秒
鐘為間隔（數到 10），直到食材粗略混合，
成為小麵坨。

08. 倒在乾淨的工作檯上。

09. 改採手動方式，使用手掌掌心下方推壓麵
團，來回數次，直到食材均勻滑順。

10. 也可以使用塑膠刮板拌合。

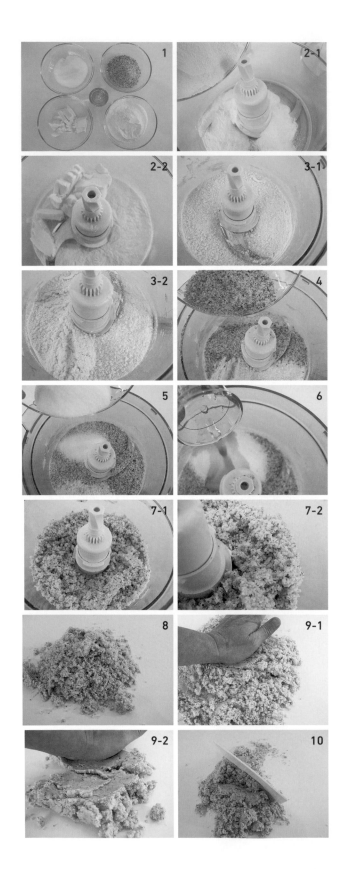

11. 經過反覆推壓，會慢慢結成團。

    Remark：如果覺得麵團過於乾燥，可以再少量的加入冰水。

12. 成團後，整形成圓。

13. 使用保鮮膜或是塑膠袋仔細密封。

14. 使用擀麵棍，再次整形，擀平成圓形厚餅狀，直徑約 20cm。

15. 放入冰箱冷藏靜置鬆弛，至少 2 小時。這是第一次塔皮鬆弛。

｜塔皮入模－第二次鬆弛｜

16. 在分離式塔派模上抹薄薄的油。可以不必灑麵粉。

17. 在乾淨的工作檯上，先鋪一張烘焙紙。取出完成鬆弛後的塔皮，放在烘焙紙上。

18. 塔皮上再鋪一張烘焙紙。讓塔皮夾在兩張烘焙紙之間，也可以利用上下兩層的保鮮膜操作。

    Remark：塔皮夾在兩張烘焙紙中間擀平的方式，不需要另外使用手粉，能夠保持塔皮食材比例。不會因為加入過多麵粉，而改變塔皮的質地與口感。

19. 直接擀成厚薄均勻的圓形塔皮。

    Remark：鬆弛過的塔皮，不需要另外揉麵或回溫。

20. 擀平後的塔皮直徑約 30 ～ 32cm，厚度約為 3mm。

21. 利用擀麵棍，將塔皮捲起。

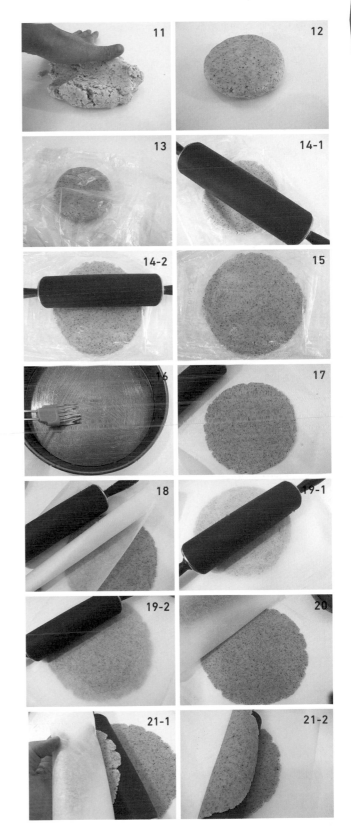

22. 將塔皮小心鋪進事先備用的塔派模中。

> Remark：塔皮如果有細小的裂口，沒有關係，烘焙後便會合起來。如果裂口比較大，可以利用多餘的塔皮補上。

23. 用拇指與食指，仔細將塔皮沿著烤圈壓緊。

24. 特別注意直角與烤圈部份，讓塔皮緊貼底部與烤圈。可以利用小湯匙幫助完成尖角部份，確實將塔皮壓合在塔派模上。

25. 完成後，用塑膠袋密封塔皮，再次放入冰箱冷藏，靜置鬆弛至少 30 分鐘，隔夜也可以。這是第二次塔皮鬆弛。

> Remark：塔皮入模後，先不要修塔皮邊。只要塔皮經過操作，不論時間長短、動作大小，一定要再次靜置鬆弛。

┃塔皮盲烤與空燒┃

預熱烤箱：設定為 180°C 上下溫，至少 20 分鐘

26. 完成第二次鬆弛的塔皮，先沿著烤圈修整邊緣。使用小刀，由內往外修除過多塔皮。

27. 塔皮底部用叉子戳出孔洞。

28. 準備進行盲烤。先在塔皮上鋪烘焙紙。

29. 接著在烘焙紙上擺放盲烤用重石。角落、烤圈邊，都要確實鋪滿。

> Remark：也可以用生豆或生米。

30. 放入烤箱中下層，使用網架，以 180°C 上下溫，烘焙 15 分鐘後，取出，小心去除重石與烤紙。再放回烤箱，讓塔皮空燒（直接烘焙），繼續以 180°C 溫度，烘焙 10 分鐘。

31. 完成空燒的塔皮，呈現均勻的金黃色。出爐後，塔皮連烤模靜置於網架上，冷卻備用。

> Remark：冷卻後，不需脫模。

Notes

塔皮不經過二次烘焙。所以，烘焙時應該確實烤乾塔皮的水分，確認烤熟。之後，配上甘納許生巧克力內餡的豐美杏仁塔皮，才不會因為烘焙不到位，而有半生熟的麵粉味。

烘焙 *Baking*

摘要	說明	備註
烤箱位置	中下層	放在網架上。
烘焙溫度	180°C，上下溫	-
烘焙時間	塔皮盲烤：烘焙 15 分鐘（利用重石） 塔皮空燒：烘焙 10 分鐘（移除重石）	直到塔皮乾燥，均勻上色。

製作步驟 *Directions*

｜甘納許生巧克力內餡｜

01. 準備好製作甘納許巧克力內餡的所需食材。

02. 將蜂蜜倒入巧克力中，備用。

  Remark：示範使用的是鈕扣巧克力。如果使用巧克力磚，巧克力須先切成碎粒。巧克力粒子越小，融化速度越快。

03. 將鮮奶油倒入乾淨的厚底小鍋內，以中小火加熱。

04. 加熱途中，要略微攪拌，直到鮮奶油沸騰，就可離火。

  Remark：加熱鮮奶油時，人不要離開。請用中小火，過程中要略微攪拌，底部才不會焦鍋。沸騰後，如不離火，鮮奶油持續加熱時會溢出來。

05. 將沸騰的鮮奶油倒入蜂蜜巧克力中，完全靜置，不要攪動。

06. 靜置 2 分鐘後，使用矽膠刮刀，以慢慢畫圈方式，幫助巧克力與鮮奶油乳化。直到甘納許巧克力醬出現光滑質地與亮面的光澤。

  Remark：請使用矽膠刮刀，不可用打蛋器操作。在巧克力融化過程中，放慢拌合速度，避免攪拌過多空氣。

07. 緩緩加入融化成液態的奶油。

08. 使用矽膠刮刀，以慢慢畫圈方式，幫助巧克力與奶油乳化。

09. 拌合過程中，甘納許巧克力會越見滑順，完成時可以看到漂亮的光澤。

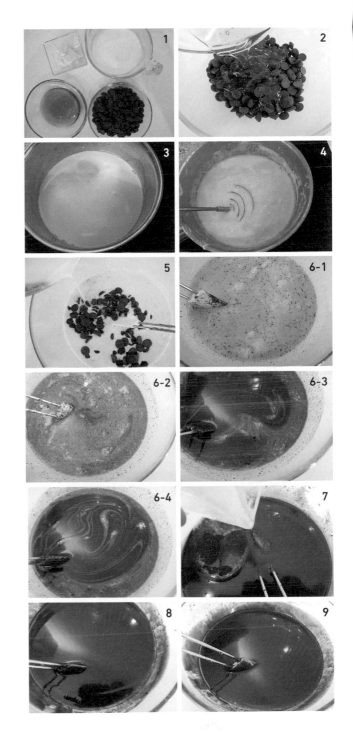

| 組合與裝飾 |

Remark：使用塔皮前，必須確認塔皮已經完全冷卻，才能入餡。塔皮如果還有溫度，質地尚未固定，會比較軟。塔皮不要脫模。塔派模能夠固定塔皮，幫助生巧克力定型。

10. 準備細篩子，將甘納許巧克力過篩入完全冷卻的塔皮中。

11. 完成時的狀態。

12. 等甘納許巧克力完成冷卻後，蓋上保鮮膜，將巧克力塔放入冰箱冷藏約 3～4 小時，直到巧克力凝固。

Remark：將生巧克力塔留在室溫中，巧克力也會凝固，但需要的時間會比較長。特別是在環境溫度過高時，等待時間需更長，因此建議使用冰箱冷藏方式，比較理想。

13. 完成冷藏後的生巧克力塔。

14. 進行脫模。

15. 使用自己喜歡的鮮果裝飾後，就可以快樂享受。示範裝飾新鮮草莓與新鮮薄荷葉，並且灑上開心果粒以及少許糖珠。

🍽️🍴 享用＆保鮮 *Enjoying & Storage*

● 繽紛生巧克力塔，適合冷藏後享受。

● 甘納許生巧克力內餡，經過冷藏後會凝固，外觀上是硬巧克力，實際上是半軟質的，擁有柔順滑膩的軟巧克力口感，不甜不膩，容易化口。

● 在食用 15 分鐘前，將繽紛生巧克力塔從冷藏室取出，放在室內回溫，可以更加體會甘納許巧克力的柔滑。

● 繽紛生巧克力塔，非常適合搭配馬斯卡彭乳酪（Mascarpone）或是打發的鮮奶油一起享用。

● 鮮果的選擇，除了新鮮草莓，也可使用其他帶酸味的鮮果，搭配杏仁風味的塔皮與帶著微微苦味的濃郁甘納許巧克力內餡，繽紛層次，很讓人喜歡。

● 如果選擇草莓，請不要忘記放點新鮮薄荷葉，可以體會沁涼的苦甜。

● 生巧克力塔，也可以不做任何裝飾，單純享受甘納許巧克力的魅力。

● 如果使用鮮果裝飾，特別是莓果類的鮮果，如：草莓、藍莓、覆盆子等，會減短生巧克力塔的保存期限，特別是切開的鮮果，會釋出果實中的水分，讓生巧克力塔變得比較濕潤。

● 使用鮮果裝飾的繽紛生巧克力塔，建議應該在 3 天內食用完畢。

● 冷藏的繽紛生巧克力塔，必須放在隔離的保鮮盒中，才不致於因為吸收冰箱異味而讓美好風味受到影響。

📋 寶盒筆記 *Notes*

「甘納許」是法文「Ganache」的中文譯名，在法國又被稱為「巴黎人的奶霜 Pariser Crème」。甘納許巧克力是由兩大基本食材：調溫巧克力與鮮奶油，所構成的美味。另外也使用咖啡、烈酒、各種香草、堅果調味，或者藉由奶油與蛋黃來提升甘納許的口感層次。

塔皮製作，一定要經過鬆弛步驟。

製作環境的溫度過高時，會增加塔皮製作的難度。塔皮過軟時，應該再次放入冰箱冷藏降溫後，再製作，會比較容易操作。

經過第一次鬆弛後的塔皮入模前，步驟示範的是使用烘焙紙方式，這個步驟也可改成，將塔皮放在灑粉的工作檯上直接操作來完成。兩種做法的差異是，所示範利用烘焙紙的方式，不需要使用手粉；直接在工作檯上操作的方式，需要手粉。（手粉：操作中，避免塔皮沾黏，所需要使用的麵粉。）

塔皮在工作檯上擀開，由於需要使用份量外的麵粉來避免塔皮沾黏，在加入額外份量的麵粉的同時，也改變了原本比例均衡的塔皮。所完成的塔皮，質地與口感上會因此不同。如果手粉的用量謹慎，份量非常少，不會感受太大的差異。如果塔皮在製作中，加入了過多麵粉，就會讓塔皮變得乾燥而且容易裂開。

只需要一次烘焙的塔皮，必須要確實烤透烤熟，特別在除去重石後，塔皮應該烘焙直到均勻上色後才算完成。

如果希望在內餡中加入鮮果，塔皮在移除重石後，可以先刷一層蛋黃液後，再入爐烘焙。多刷一層蛋黃液能幫助塔皮隔離水分，延長塔皮的酥脆度。

由於手有手溫，過度操作，會讓塔皮升溫而變軟。在塔皮入模後，可以使用湯匙或其他輔助器具為塔皮整形。

塔皮可以提前完成製作後，冷凍備用。

完成甘納許巧克力製作後，可以不必經過過篩步驟，直接倒入塔皮中。經過過篩，特別是使用均質機後的甘納許巧克力會有更好的光澤、密度與細緻感。

完成的甘納許巧克力，如果沒有馬上使用，冷卻降溫，巧克力的流動力會變差，倒入塔皮中時，會出現折紋。

塔皮烘焙後，不要脫模，並且一定等到完全冷卻、定型後，才能倒入甘納許巧克力。

巧克力塔的脫模動作，必須在完成冷藏、甘納許內餡凝固後，才能操作。

PART

4

○　○　○

家 庭 茶 點 時 光

───────────

餅乾

○

杏仁圈果醬餅乾

Mandelringe

知名奧地利傳統食譜，
雋永而經典的醇濃奶油餅乾。

材料 *Ingredients*

製作約 35 個杏仁圈果醬餅乾
大烤盤 1 個

食材	份量	備註
● 餅乾		
低筋麵粉	250g	-
蘇打粉	刀尖量	謹慎測量份量，以免影響餅乾的好味道
糖粉	125g	-
無鹽奶油	125g	冷藏溫度
雞蛋	1 個	中號雞蛋，帶殼重量約 60g，室溫
蛋黃	1 個	中號雞蛋，帶殼重量約 60g，室溫
新鮮檸檬皮屑	半個檸檬	選用有機檸檬最佳。使用前用熱溫水沖洗並拭乾
● 裝飾與內餡		
蛋黃	1 個	刷餅乾頂部用
杏仁片	40g	-
果醬	約 5 大匙	果醬如果太硬，可以稍微用微波爐低功率加熱後使用
糖粉	適量	-

烤模 *Bakewares*

大烤盤.........................1個 （食譜示範）

製作步驟大綱 *Outline*

餅乾食材混合均勻成麵團 》 冷藏鬆弛 1 小時 》 麵團擀平 》 壓花 》 頂部餅乾中心壓空、刷蛋黃液、放上杏仁片 》 烘焙

烘焙完畢 》 頂部餅乾灑糖粉 》 底部餅乾塗抹果醬 》 上下餅乾組合 》 完成

製作步驟 *Directions*

｜餅乾麵團｜

01. 低筋麵粉中加入刀尖量的蘇打粉，先混合後，再過篩。

> **Remark**：微量的蘇打粉能增加餅乾的蓬鬆度。刀尖量，是指用小刀能挑起的份量。

02. 利用篩子，在麵粉中央壓出一個凹槽。

03. 加入糖粉。

04. 加入奶油。請使用直接從冰箱冷藏室取出的奶油，切成小塊狀。

05. 灑上新鮮檸檬皮的皮屑。

06. 再加入雞蛋和蛋黃。

07. 用刮刀或是用手，將所有食材混合成為一個奶油麵團。請不要用攪拌機。

08. 食材混合時，會先形成粗砂狀，經過持續切翻壓，慢慢就會成團，直到食材均勻混合就可以。

> **Remark**：餅乾麵團不是光滑的，不要過度操作，會影響口感。

09. 將麵團稍微壓平後，用保鮮膜包好，放入冰箱冷藏鬆弛 1 小時，隔夜更好。

製作準備 *Preparations*

摘要	説明		備註
烤箱	預熱溫度 170°C，上下溫		預熱時間 20 分鐘前
烤盤	鋪烘焙紙，或是玻璃纖維烘焙墊		備用
餅乾模－花形	大：直徑 50mm 小：直徑 20mm		備用

製作步驟 *Directions*

｜餅乾壓花｜

01. 在乾淨的工作檯上操作。先將麵團放在乾淨的塑膠袋中，用擀麵棍擀成均勻的麵餅，再擀成厚度 25～30mm 的麵餅。（藉由餅乾平均尺輔助，可輕鬆完成理想的厚度。）

02. 去除塑膠袋，工作檯上灑少許麵粉，使用長刮刀在麵餅與工作檯間劃開，這樣餅乾就不會沾黏在工作檯上。

   Remark：要控制手粉的使用量，過多的麵粉，會影響餅乾原有的食材比例，會讓餅乾麵團變乾，也會增加操作上的困難。

03. 準備喜歡的餅乾模具。每次壓花前，先沾點麵粉，可以防止沾黏。

04. 利用模具壓出花樣。

05. 壓好花的麵餅，依序擺放在鋪好烤紙的烤盤上。記得餅乾之間要留下間距。

   Remark：壓好花的餅乾麵餅，應該使用刮板或是其他合適的工具移動到烤盤上，避免在操作中，讓餅乾軟化變形。

06. 接著製作頂部中空的餅乾。記得要先將壓好花的麵餅，放在鋪好烤紙的烤盤上，再壓出中間的小孔，餅乾就不會在移動中變形。

07. 完成的頂部餅乾。

| 裝飾與內餡 |

08. 蛋黃打散，過濾後使用會更好。

09. 在頂部中空的餅乾上，輕輕刷上蛋黃液，每一個角落都要刷到。底部餅乾不必刷蛋黃液。照片示範，刷了兩次。

10. 然後在餅乾上放些杏仁片（只有放在頂部餅乾上）。

11. 完成後，放進預熱好的烤箱中，以170°C上下溫，烘焙 12 ～ 15 分鐘，直到餅乾呈現淡淡的金黃色，或是見到餅乾邊緣色澤轉深，就可以出爐。

12. 在頂部餅乾還是溫熱時，灑上糖粉。

13. 在底部餅乾中間塗抹果醬，再蓋上頂部餅乾，兩片夾起來，就完成。果醬如果太硬，可以利用微波爐溫熱一下再使用。

烘焙與脫模 *Baking & More*

摘要	說明	備註
烤箱位置	中層，正中央	直接使用烤盤。
烘焙溫度	170°C，上下溫	一個溫度到完成。
烘焙時間	12 ～ 15 分鐘 依據餅乾大小與厚度調整	直到餅乾均勻上色，餅乾邊緣色澤會略深。頂部中空的餅乾，烘焙時間較短。
出爐後的處理	餅乾要小心挪到冷的網架上。	餅乾留在熱的烤盤上，會因為烤盤的餘溫，而持續烘焙，進而影響餅乾的品質。
灑糖粉	趁著頂部中空餅乾尚處溫熱時，灑上些許糖粉。	-
填果醬	任何喜歡的果醬都可以。	-

享用 *Enjoying*

● 杏仁圈果醬餅乾適合室溫享用。

● 最佳賞味時間是在餅乾完成 **72** 小時後。特優果醬的滋味會經過時間進入奶油餅乾中，餅乾口感滋味更細密。

 ## 保鮮 *Storage*

● 餅乾中的果醬，經過一段時間會變得比較乾燥，失去光澤，這是正常現象。

● 果醬餅乾應該放在有蓋的容器中保存，金屬的餅乾盒是最適合的容器。應該選擇乾燥而沒有陽光直射的地方存放。

● 建議不要和不同口味的餅乾混合存放。例如果醬餅乾與椰子餅乾，應該分開存放，才能保持每一種餅乾的特有口感和味道。

● 在低溫乾燥環境中，奶油量較高的餅乾，保鮮時間約為 **3** 週。

寶盒筆記 *Notes*

奶油一定要用冷藏的奶油。

建議使用糖粉製作，餅乾的質地特別細膩。

新鮮檸檬的皮屑，是餅乾的主要與重要香料，不可省略。建議選用有機檸檬，使用前先用熱水沖洗，並且擦乾水分。

傳統的奧地利餅乾麵團 Mürbeteig-Plätzchen，傳統操作方式是用手，建議盡可能用手指，避免用手掌，因為手心溫度較高。

灑在工作檯上、擀麵棍所使用的麵粉（手粉），要注意用量。太多的麵粉會影響餅乾食譜原有的比例，麵粉會讓餅乾變得乾燥，失去應有的質地，並且會讓麵團變得很難操作。

在餅乾壓花前，使用抹刀，在麵餅和工作檯間劃開，壓花後比較容易操作。

餅乾模具在壓花前，沾點麵粉，可以避免沾黏。

希望壓出來的花，外觀線條漂亮，模具一定要保持乾淨。

壓好花的麵餅，放在鋪好烤紙的烤盤上時，記得餅乾之間要留下間距。

不使用烤紙，將餅乾直接放在沒有抹油灑粉的烤盤上烘焙，餅乾容易沾黏在烤盤上。完成的餅乾比較乾燥。

沒有烤紙時，烤盤要抹油灑粉，才不會沾黏。但是會造成餅乾過油，口感上並非上選。

天氣較熱時，或在氣溫比較高的環境中，要操作鬆弛過的餅乾麵團時，建議小份量的從冰箱取出，避免因為溫度讓麵團過度軟化。當麵團過軟時，可以放回冰箱冷藏後，再操作。

托斯卡尼杏仁餅乾

Cantuccini

義大利托斯卡尼的陽光滋味，兩次烘焙硬式脆口餅乾，
搭配義大利甜酒 Vin Santo，滋味最深。

材料 *Ingredients*

製作約 40 個托斯卡尼杏仁餅乾
大烤盤 1 個

食材	份量	備註
● 餅乾		
低筋麵粉	250g	-
泡打粉	1 小匙	-
鹽	1 小撮	示範使用海鹽
新鮮檸檬皮屑	半個檸檬	選用有機檸檬最佳。使用前用熱溫水沖洗，並拭乾
細砂糖	150g	-
香草糖	1 大匙	可用半枝香草莢，或是 1 小匙香草精，或是杏仁精代替
無鹽奶油	100g	柔軟狀態
雞蛋	1 個	中號雞蛋，帶殼重量約 60g
蛋黃	1 個	中號雞蛋，帶殼重量約 60g
杏仁粒	100g	完整脫皮杏仁粒

備註：如果選用的是未脫皮的杏仁粒，建議在無油乾鍋上，以中小火烘烤炒香，
直到杏仁散發香氣，冷卻後使用。

烤模 *Bakewares*

大烤盤 ....1 個 （食譜示範）

製作步驟大綱 *Outline*

餅乾食材混和均勻成麵團 》整形
第一次烘焙約 20 分鐘 》 冷卻約 15 分鐘 》切片 》第二次烘焙約
8 ～ 10 分鐘 》完成

製作準備 *Preparations*

摘要	說明	備註
烤箱	預熱溫度 180°C，上下溫	預熱時間 20 分鐘前
烤盤	鋪烘焙紙，或是玻璃纖維烘焙墊	備用
乾粉類	麵粉、泡打粉與鹽先仔細混合，再過篩。 泡打粉是 1 平匙；鹽是刀尖量，請確實衡量。	備用

製作步驟 *Directions*

｜餅乾麵團｜

01. 利用篩子，在過篩後的乾粉中央壓出一個凹槽。

02. 加入新鮮檸檬皮的皮屑。

03. 倒入全部砂糖與香草糖。

04. 再加入切成小塊狀的奶油。室溫奶油即可。

05. 最後加入雞蛋和蛋黃。

06. 用刮刀、叉子或手，將所有食材混合成為一個奶油麵團。

07. 請不要用攪拌機。原則是速度快，手法輕。

08. 直到食材均勻混合。食材混合時，會先形成粗砂狀，經過持續切翻壓，慢慢就會成團。

09. 倒入杏仁粒，混合均勻。

10. 將麵團分成四等份後，再將每一等份整形成一個約 3cm 寬、20cm 長的長條形。要稍微壓緊，讓餅乾麵團密實。

11. 將餅乾麵團放在鋪好烤紙的烤盤上，記得麵團之間要留下間距。餅乾麵團在烘焙中因為泡打粉作用的緣故，體積會變大，也會變得較為扁平。

　　Remark：使用 **60** 公升的家庭烤箱，分為兩盤，每次烘焙兩條餅乾。

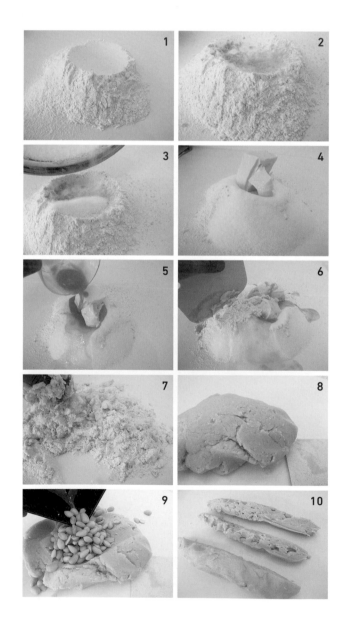

| 烘焙與切片 |

12. 進行第一次烘焙。烤盤放進烤箱中層，以
180°C 上下溫烤 20 分鐘。實際烘焙時間，
依據餅乾大小與厚度調整。

13. 完成第一次烘焙的餅乾，色澤帶著淡淡的金
黃色。（這時候，第二盤餅乾進爐，進行第
一次烘焙。）

    Remark：餅乾一定要稍微烤乾一點，等略微冷
卻，切開時才不會碎裂。

14. 將餅乾小心挪到冷的盤子上，靜置使其稍微
冷卻，約 15 分鐘，到手摸不燙的程度。

    Remark：出爐的餅乾條要取離烤盤，避免烤盤
的餘溫而持續烘焙，進而影響餅乾品質。

15. 用利刀將餅乾條切成片狀，寬度約 1.5cm。

16. 餅乾翻面，放在鋪好烤紙的烤盤上，進行第
二次烘焙。

17. 將烤盤放進烤箱中層，以 180°C 烤約 8 ～
10 分鐘。直到餅乾外緣上色，就可以出爐。

Notes

完成二次烘焙的餅乾，再次檢查餅乾的
下方，就是緊貼烤盤的一面，是不是
已經完全乾燥。如果沒有，可以將餅乾
一一翻面，再次烘焙約 3 ～ 5 分鐘，直
到餅乾中的水分被烤乾，達到乾硬而脆
口的程度。

完成的托斯卡尼杏仁餅乾，應從烤盤上
移置在網架上直到完全冷卻才可裝盒。

烘焙與脫模 *Baking & More*

摘要	説明	備註
烤箱位置	中層	直接使用烤盤。
烘焙溫度	**180°C**，上下溫	一個溫度到完成。
第一次烘焙時間	**20 分鐘** 依據餅乾大小與厚度調整	直到餅乾呈現非常淡的金黃色，就可出爐。
完成第一次烘焙，出爐後的處理	餅乾要小心挪到冷的盤子上，靜置冷卻約 15 分鐘。	餅乾留在熱的烤盤上，會因為烤盤的餘溫，而持續烘焙，進而影響餅乾的品質。
第二次烘焙時間	**8 ～ 10 分鐘** 依據餅乾大小與厚度調整	直到餅乾外緣開始上色，就可出爐。

享用 *Enjoying*

- 倒杯酒，配餅乾：托斯卡尼杏仁餅乾在義大利是搭配知名的托斯卡尼 Vin Santo 葡萄甜酒享受的。帶著宜人杏仁香氣，甜度較低的托斯卡尼杏仁餅乾，配著甜酒，香濃程度，剛剛好。

- 煮個摩卡，配餅乾：濃郁甘醇的現磨摩卡咖啡，正是托斯卡尼杏仁餅乾的最佳午後夥伴。

- 泡壺高山草本茶，配餅乾：這樣的搭配是托斯卡尼人在晚間善待自己的方式之一。

- 五秒鐘金律：手指握住托斯卡尼杏仁餅乾的一端，浸入甜酒中五秒鐘，讓餅乾吸吮適度的甜酒。時間過長，餅乾會因此軟化，口感不佳；時間過短，甜酒還沒有滲入杏仁餅乾，味道不足。

 ## 保鮮 *Storage*

- 餅乾，應該放在有蓋的容器中保存。金屬的餅乾盒是最適合的容器，應該選擇乾燥而沒有陽光直射的地方存放。

- 建議不要和不同口味的餅乾混合存放。如果保存的方式正確，托斯卡尼杏仁餅乾可以保存 8 週的時間。

寶盒筆記 *Notes*

托斯卡尼杏仁餅乾是一個藉著快速操作，直接烘焙的美味餅乾。

留意麵團操作手法，就能讓托斯卡尼餅乾同時擁有脆硬磕牙與香酥回韻的美味體會。

混合麵團的方式，我個人喜歡用手混合食材。這是在 Siena 修道院停留期間，跟修女學習製作托斯卡尼餅乾的方式，據修女說，手揉也是製作托斯卡尼的 Cantuccini 最傳統的方式。

需要注意的是，製作與分割長條餅乾麵團（步驟圖 10），份量不可太大，才能讓餅乾中心熟透。餅乾如果沒有烤乾，在切開時，就比較容易碎裂。過大的餅乾麵團，需要烘焙的時間相對比較長。

第一次烘焙完成後，餅乾要等到稍微冷卻後，手摸不燙時，才可以切開，就能保持很漂亮的餅乾形狀。

切餅乾，要用利刀，切面就能完整而漂亮。

淺談
奶油餅乾

食材篇

01. 新鮮好食材＝真正好味道。

02. 製作餅乾，應該選用低筋麵粉 。低筋麵粉的蛋白質含量低、灰分質低、筋度低。完成的餅乾保有鬆軟的特質。

03. 麵粉與其他乾粉的過篩動作，可以避免因為結塊的粉粒而影響成品口感，也讓食材混合的操作過程快速且容易許多。

04. 奶油餅乾與擠花餅乾中所使用的奶油，是無鹽奶油。

05. 乳瑪琳（Margarine）可以取代無鹽奶油製作餅乾與塔派皮。建議選擇必須保持冷藏溫度、質地穩定度較高的乳瑪琳。

06. 留心食譜中對奶油溫度的要求。使用冷藏溫度的奶油時，使用前應該要切成小塊狀。

07. 烘烤餅乾時的糖，如果選用糖粉，可以讓餅乾質地更細密、更潤澤、更容易入口。如果不使用糖粉，也盡可能選擇特細的白砂糖。

08. 製作奶油餅乾，若使用二砂糖（蔗糖）、黑糖與紅糖……等，會讓餅乾上色比較快。

09. 食材中如果有使用到堅果粒、堅果磨成的細粉，例如核桃、杏仁等，先放在乾淨無油的鍋子裡乾炒一下，直到有香氣，再取出操作，餅乾的味道會更好，完成的餅乾色澤會比較深。

10. 想要增加奶油餅乾的風味與層次，可以使用各種香草、香料、烈酒、新鮮檸檬、柑橘的皮屑、天然淬煉的香精如杏仁精、薄荷精、柑橘油、檸檬油、玫瑰水、柑橘花水……等，或是以少量的堅果磨成的細粉、抹茶粉、可可粉、即溶咖啡取代麵粉的方式。除此之外，好滋味的奶油與巧克力，各具風味的糖、蜂蜜、花生醬……等，都可以為餅乾更增風味與特色。

奧地利榛果捲

Burgenlaender Nusskrapferl

奧地利布爾根蘭州的地方名點，原為匈牙利傳統餅乾。
以酵母製作的酥餅，包裹著柔蜜蛋白霜與榛果，特殊酥香鬆蜜滋味。
奧地利榛果捲同時也是奧地利婚禮餅乾禮盒上選。

材料 *Ingredients*

製作約 30 ~ 40 個奧地利榛果捲
大烤盤 1 個

食材	份量	備註
● 餅乾體		
新鮮酵母	20g	英文：fresh yeast，又稱為濕性酵母。可用 7g 乾燥速溶酵母替代，英文：active dry yeast
全脂鮮奶	3 大匙	冷藏溫度（不必加溫）
低筋麵粉	400g	-
糖粉	2 大匙	-
無鹽奶油	250g	柔軟狀態
蛋黃	3 個	中號雞蛋，帶殼重量約 60g，室溫
● 榛果內餡		
蛋白	3 個	中號雞蛋，帶殼重量約 60g，室溫
細砂糖	150g	-
榛果磨成的細粉	120g	在乾鍋上略微乾炒，味道尤佳
備註：榛果磨成的細粉，可用各種堅果磨成的細粉取代，例如：核桃、杏仁、胡桃都可以。		
● 刷蛋汁		
雞蛋	1 個	中號雞蛋，帶殼重量約 60g，室溫
● 裝飾－可省略		
糖粉	適量	-

烤模 *Bakewares*

大烤盤 ....1 個 （食譜示範）

製作步驟大綱 *Outline*

製作餅乾麵團：酵母加入鮮奶中融化備用 》 麵粉、糖、奶油混合 》 加入蛋黃與鮮奶酵母液 》 攪拌成團 》 室溫中靜置鬆弛 **10** 分鐘

製作內餡：蛋白與糖打發成蛋白霜

餅乾麵團與內餡組合：麵團擀平 》 抹上蛋白霜 》 灑上榛果細粉 》 捲起 》 刷蛋汁 》 切割

烘焙 》 灑糖粉裝飾 》 完成

製作準備 *Preparations*

摘要	説明		備註
烤箱	預熱溫度 170°C，上下溫		預熱時間 20 分鐘前
烤盤	鋪烘焙紙，或是玻璃纖維烘焙墊		備用
鮮奶與新鮮酵母	在容器中先倒入鮮奶，再加入捏碎的新鮮酵母，攪拌混合，直到酵母完全融化。 **Remark**：鮮奶是冷藏溫度，直接從冰箱中取出使用，不需要加熱。		備用

製作步驟 *Directions*

｜餅乾麵團｜

01. 取一個大容器，先放入麵粉，再加入糖粉。

02. 混合麵粉與糖粉。

03. 加入奶油。

04. 使用電動攪拌機的彎勾配件，以低速攪拌。

05. 食材會慢慢結合成粗砂粒狀態。

06. 攪拌完成時的狀態。

07. 再加入全部的蛋黃。

08. 加入備用的鮮奶酵母液。

09. 使用電動攪拌機的彎勾配件，以低速攪拌，
直到食材成團。

> **Remark：** 餅乾麵團的製作，只要攪拌到食材均
> 勻混合就可以。如果使用電動攪拌機配置彎勾狀
> 攪拌棒，切記要以低速操作。如果餅乾麵團過度
> 攪拌，完成的榛果捲口感會乾而硬。

10. 再用手略微整形成團。為了防止麵團乾燥，
要加蓋，靜置在室溫中鬆弛約 10～20 分鐘。
在麵團靜置時間，就可以開始準備榛果內餡。

> **Remark：** 這是一個冷酵母麵團製作方式，不必
> 等麵團發麵。與一般使用酵母製作的麵包與糕點
> 不同。

｜內餡－蛋白霜｜

11. 使用電動攪拌機，先將蛋白打至起粗泡。

12. 分多次，慢慢地加入細砂糖，持續打發。

13. 直到蛋白霜有細緻光澤，質地堅挺。奧地利
描寫這樣的蛋白霜狀態的說法是，蛋白霜可
以用刀切開。

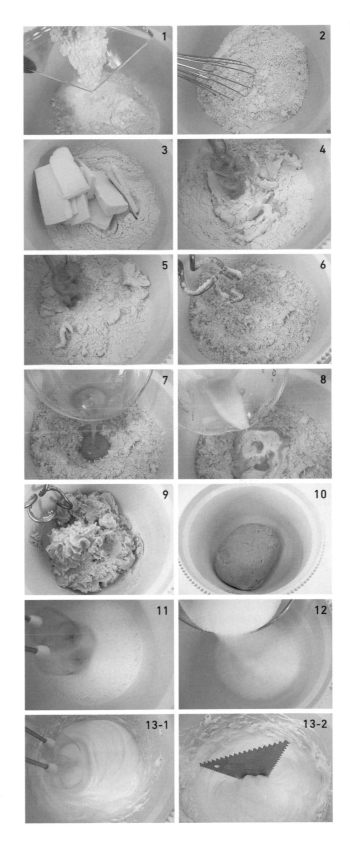

┃ 榛果捲製作 ┃

14. 在乾淨的工作檯上，灑微量的麵粉。

15. 將餅乾麵團分成三等份。

16. 用擀麵棍擀成一個厚度約 3 ～ 4mm 的長方形麵餅。

17. 在表面均勻抹上蛋白霜。

18. 再灑上榛果細粉。

19. 使用長柄刮刀輔助，將麵餅捲起，完成時捲口朝下。捲的時候，不要捲太緊，餡料才不會被擠壓出來。

20. 重複相同動作，完成三條榛果捲麵團。

21. 刷蛋液的雞蛋先打散後，用刷子小心地刷在榛果捲麵團的上方。

22. 使用圓形的模子，等量切出半月形。操作時，餡料會因為擠壓而溢出來，用手稍微整形就可以。

　　Remark：這裡使用直徑 7cm 的圓形壓模，也可用圓口的杯子取代。

　　Remark：使用壓模切割前，可以先讓壓模放在蛋汁中沾少許蛋汁，比較不會沾黏。

23. 切好的榛果捲放在鋪好烤紙的烤盤上，記得榛果捲之間要留下間距。

24. 圓形的壓模，讓每一個榛果捲有著很自然的新月形狀。

　　Remark：切好的餅乾，由於蛋白霜內餡的關係，會有點黏，經過切割擠壓，會外流，這是正常的。烘焙前，切割完的餅乾，非常的軟，建議利用刀子或是刮板，來幫助移動餅乾到烤盤上。

25. 放進預熱好的烤箱中層，以 170℃ 烘焙 20 分鐘左右。直到餅乾呈現淡淡的金黃色，或是見到餅乾邊緣色澤轉為金黃色。

26. 在頂部餅乾還是溫熱時，灑上糖粉，即完成。

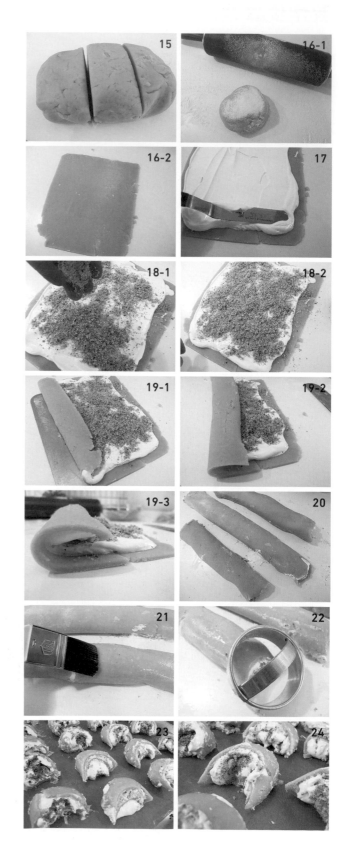

烘焙與脱模 *Baking & More*

摘要	説明	備註
烤箱位置	中層，中央	直接使用烤盤。
烘焙溫度	170°C，上下溫	一個溫度到完成。
烘焙時間	18 ～ 23 分鐘 依據榛果捲大小與厚度調整	直到餅乾邊緣開始上色就可出爐。
出爐後的處理	趁餅乾在溫熱時，灑上糖粉。靜置在網架上，直到完全冷卻。	出爐後，餅乾不可留在熱的烤盤上，餅乾會因為烤盤的餘溫，而持續烘焙，進而影響餅乾的品質。
灑糖粉	糖粉裝飾雖然可以省略，不過，灑上糖粉的榛果捲，經過靜置，榛果與奶油香氣回潤，滋味會更濃密。	-

享用 *Enjoying*

● 奧地利榛果捲的最佳賞味時間是在完成 24 小時之後。十分酥鬆的餅乾體，包覆著帶有濃郁香氣的榛果與鬆美的蛋白霜，經過時間，榛果捲的每一分特殊的好味道都更添滋味。

● 出爐後灑上厚厚一層糖粉，奧地利榛果捲在糖粉的隔離下熟成，味道更增滋潤。

保鮮 *Storage*

● 建議放在有蓋的容器中保存，金屬的餅乾盒是最適合的容器，應該選擇乾燥而沒有陽光直射的地方存放。

● 請不要和不同口味的餅乾混合存放。

● 奶油量較高的餅乾，在低溫乾燥的環境中，保鮮時間約為 3 週。

寶盒筆記 *Notes*

奧地利榛果捲是一個使用酵母冷麵團方式製作的餅乾／點心。麵團只需要略微鬆弛，不需要發麵。

和麵時，食材均勻混合即可，不需要揉麵到光滑。經過鬆弛後，麵團質地會變得比較光滑。

建議使用糖粉製作，餅乾的質地特別細膩。

傳統的奧地利餅乾麵團 Mürbeteig，操作方式是用手，建議盡可能用手指，避免用手掌，因為手心溫度較高。

灑在工作檯上、擀麵棍所使用的麵粉，用量不宜太多。太多的麵粉會影響餅乾食譜原有的比例。麵粉會讓餅乾變得乾燥，失去應有的質地。

切割好的餅乾，由於蛋白霜內餡的關係，會有點黏，經過切割擠壓，內餡會外流，這是正常的。稍微用手整形就可以。

餅乾中含有酵母，烘焙中經由受熱，體積會膨脹，因此在擺放餅乾時記得之間要留下間距。

如果不使用烘焙紙，可以在烤盤上抹油灑粉來防沾黏。

烤盤鋪烘焙紙與烤盤抹油灑粉兩種方式比較，鋪烘焙紙的方式更能幫助餅乾保持好質地與理想外觀。烘焙紙讓餅乾底部保持乾燥，餅乾不會因為烤盤上的油脂而在烘焙中過度攤平，餅乾底部不會因為油脂過度上色甚至烤焦，同時，可以避免餅乾吸收不必要的油脂。製作餅乾時，為烤盤鋪上烘焙紙，是一個比較好的選擇。

香草月牙餅乾

Vanillekipferln

奧地利知名經典餅乾，馳名全歐洲，受全世界喜愛。
彎彎月牙，我愛你。

材料 *Ingredients*

製作約 50 ～ 60 個香草月牙餅乾
大烤盤 1 個

食材	份量	備註
● 餅乾		
低筋麵粉	120g	-
無鹽奶油	90g	冷藏溫度，切成小塊
糖粉	30g	-
杏仁磨成的細粉	50g	帶皮或脫皮的杏仁磨成的粉都可以，也可用製作馬卡龍的杏仁粉

備註：杏仁磨成的細粉，要選擇磨得細一點的，麵團的結合度會比較好，操作更容易。也可以用其他堅果，如核桃、榛果磨成的細粉來取代。

食材	份量	備註
● 香草糖粉		
香草糖	12g	只能使用香草糖來製作
糖粉	150g	只能使用糖粉

備註：香草糖粉的固定比例是 **100g** 糖粉＋ **8g** 香草糖，混合後過篩使用。

烤模 *Bakewares*

大烤盤 ....1 個 　（食譜示範）

製作步驟大綱 *Outline*

餅乾食材混合均勻成麵團 》 分割整形 》 入爐烘焙
烘焙完畢 》 裹上香草糖粉 》 完成

製作準備 *Preparations*

摘要	說明	備註
烤箱	預熱溫度 170°C，上下溫	預熱時間 20 分鐘前
烤盤	鋪烘焙紙，或是玻璃纖維烘焙墊	備用

製作步驟 *Directions*

| 餅乾麵團 |

01. 在過篩後的低筋麵粉中央，壓出一個凹槽。

02. 凹槽中間加入糖粉。

03. 再加入杏仁磨成的細粉。

04. 接著加入切成小塊狀的奶油。使用直接從冰箱冷藏室取出的奶油。

05. 在乾淨的工作檯上，用刮刀或是用手，將所有食材混合成為一個奶油麵團。請不要用攪拌機。

　　Remark：完整的用手操作步驟圖示。

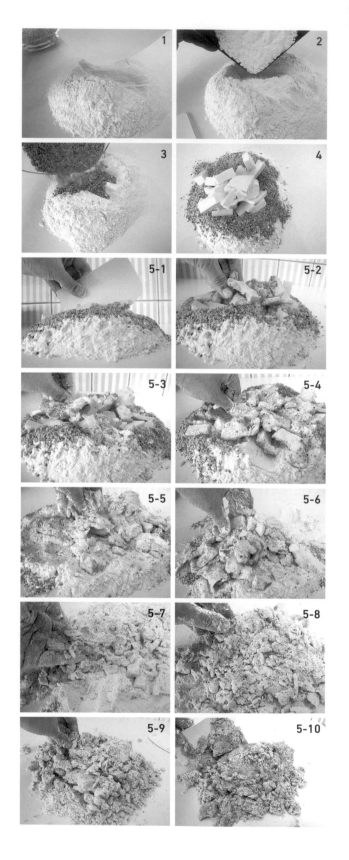

06. 直到食材均勻混合就可以了。

07. 如果是用手操作，餅乾麵團完成時，手上看不見沾黏的麵團。

08. 餅乾麵團到這個程度就可以直接使用。或是用保鮮膜包好，放入冰箱冷藏，隔夜也可以。

    Remark：餅乾麵團製作，不建議使用電動攪拌機。請用手或是刮刀，讓食材均勻混合就好，避免過度揉搓麵團，會讓麵團乾燥，影響餅乾口感。

09. 將麵團分成兩等份。

10. 再將麵團滾成一個長條形。

11. 使用刀子，以約 1.5cm 為間隔，分切成小麵團。

12. 每個小麵團先揉成中間粗、兩端略尖的長條形。再將尖頭的兩端，向內彎成一個馬蹄鐵形狀。

13. 依序將所有小麵團捏成馬蹄形。

14. 烘焙前的月牙餅乾。

15. 將餅乾放在鋪好烤紙的烤盤上，餅乾間要記得留下間距。完成後，入爐烘焙。

烘焙與脱模 *Baking & More*

摘要	説明	備註
烤箱位置	中層，中央	直接使用烤盤。
烘焙溫度	**170°C**，上下溫	一個溫度到完成。
烘焙時間	約 **15** 分鐘 依據餅乾大小與厚度調整	直到餅乾邊緣開始上色就可出爐。香草月牙餅乾開始上色的地方都是從馬蹄尖端開始。
出爐後的處理	將餅乾小心地從烤盤上移除。	出爐後，餅乾不可留在熱的烤盤上，餅乾會因為烤盤的餘溫，而持續烘焙，進而影響餅乾的品質。
香草糖粉	餅乾在溫熱時，灑上或是裹上糖粉。	餅乾本身的甜度非常低，香草糖粉不可省略，有著香草香氣的糖粉，也是這款餅乾的特色。

| 裹香草糖粉 |

16. 糖粉中加入香草糖。

  Remark：必須使用香草糖，才能與糖粉混合。

17. 仔細過篩。

18. 烘焙好的月牙餅乾，在還有溫度時，裹上香草糖粉。

19. 等到完全冷卻後，才裝入餅乾盒。

 ## 享用 *Enjoying*

● 最佳賞味時間是在餅乾完成 72 小時後。

● 經過時間，粉白色的冷冷新月與號稱香料之王的濃郁香草味，結合甜蜜杏仁的酥香，讓香草月牙餅乾入口即化。

 ## 保鮮 *Storage*

● 建議放在金屬的餅乾盒，存放的地方應該陰涼乾燥，且沒有陽光直射。

● 請不要和不同口味的餅乾混合存放。

● 如果是使用裹上香草糖粉的做法，餅乾的保鮮期可達到 2 個月。如果是以篩子灑上香草糖粉的做法，餅乾保鮮時間約為 3 週。

 ## 寶盒筆記 *Notes*

製作這個餅乾所使用的奶油，操作時的溫度是冰箱冷藏室的溫度。

請千萬不要使用電動攪拌機操作。傳統的製作方式是使用手操作，也可以使用刮刀。沒有橡皮刮刀時，可以用一般的菜刀。

使用雙手時，手的溫度雖然會讓奶油降溫，但動作快的話沒有影響。

混合餅乾麵團的時間，越短越好，讓食材混合均勻即可，過度搓揉麵團，烤完的餅乾會變得硬硬的，沒有酥脆的餅乾口感（餅乾跟麵包的做法是不同的）。

雖然，很多餅乾必須放冰箱後才好製作（軋花餅乾），而香草月牙餅乾的麵團，是不需要冷藏的。如果因為時間關係，需要放冰箱冷藏，待隔日製作時，冰麵團比較難整形，應稍微在室溫中回溫，以利於操作。

餅乾在剛出爐時非常易碎，要小心操作。

在整形餅乾時，不必太在意餅乾的模樣，個個不同，這是手工餅乾的特色。手裡溫度揉出來的好味道遠遠勝過機器製作。

「為餅乾裹糖衣」的動作，一定要在餅乾出爐後還是溫熱的狀態時進行。如果等餅乾涼透了，糖粉就不太容易裹上，香草味道自然也就不那麼道地。

這個餅乾本身的甜度非常低，有著香草香氣的糖粉，也是這款餅乾的特色。

香草糖粉的作用，除了給予餅乾香草香氣和增加甜度之外，糖粉能幫助餅乾隔離空氣，保持食材中的奶油和杏仁的滋味和滋潤度。

香草糖粉，請不要省略。

自製香草糖：

◆ 準備有蓋的乾淨的玻璃器皿，將 2 ～ 3 個香草莢（不要洗），放入 500 公克的細砂糖中，香草莢應該盡可能壓入砂糖中。如果喜歡濃郁一點的香草味，可以將香草莢用小刀劃開後，再放入細砂糖中。

◆ 兩三個禮拜以後，就可以作為香草糖使用，期間稍微晃動一下。

◆ 之後，香草莢還是可以拿出來使用。另外，也可以將香草莢磨成很細的粉末加入細砂糖中。

◆ 自製香草糖，味道不像化學香草精味道這麼濃，而這特有的自然清香，已經讓人非常喜歡。

◆ 在奧地利，可以買到香草糖的成品，不過我還是喜歡自己做，因為真的很簡單。

◆ 做完香草糖的香草莢，不要丟掉，還可以拿來泡酒，或是加入浸了蘭姆酒的葡萄乾中。在製作其他糕餅點心時，還可以利用。

費太太藍帶巧克力餅乾

Mrs. Fields Blue-Ribbon Chocolate Chip Cookies

經典美式巧克力餅乾，濃郁巧克力滋味，喜歡 喜歡～

材料 *Ingredients*

製作 35 ～ 40 個費太太藍帶巧克力餅乾 大烤盤 1 個

食材	份量	備註
● 餅乾		
低筋麵粉	150g	-
蘇打粉	1/4 小匙	英文：Baking Soda，不可省略，使用烘焙標準量匙，準確衡量
無鹽奶油	110g	柔軟狀態
蔗糖	100g	在台灣又稱為二砂糖
細砂糖	50g	-
雞蛋	1 個	中號雞蛋，帶殼重量約 60g，室溫
香草精	1 小匙	可用 1 大匙香草糖代替
調溫巧克力碎（豆）50% 可可	190g	原味巧克力，無人工甘味，切碎丁。建議選用好品質的巧克力

烤模 *Bakewares*

大烤盤 ....1 個　（食譜示範）

製作步驟大綱 *Outline*

奶油打軟 》 加入糖 》 加入雞蛋與香草精 》 加入乾粉 》 加入巧克力碎 》 混合均勻 》 分割餅乾麵團 》 巧克力碎裝飾 》 烘焙

烘焙完畢 》 移動到冷的網架 》 完成

製作準備 *Preparations*

摘要	說明		備註
烤箱	預熱溫度 170°C，上下溫		預熱時間 20 分鐘前
烤盤	鋪烘焙紙，或是玻璃纖維烘焙墊		備用
乾粉類	蘇打粉加入低筋麵粉中，先混合，再過篩。蘇打粉不可省略，請使用烘焙標準量匙，準確衡量。		備用
雞蛋	打散。		備用
巧克力	巧克力塊切成指甲大小的小碎塊。巧克力太大，餅乾容易裂開；巧克力太小，會吃不出巧克力粒在餅乾中的口感。		備用

265

製作步驟 *Directions*

｜費太太藍帶巧克力餅乾｜

01. 使用電動攪拌機,先將奶油略微打軟,只要不成塊就可以,不必打發。

02. 加入粗蔗糖和細砂糖,用電動攪拌機低速攪拌(用飯勺也可以),稍稍混合即可,千萬不要攪拌到不見糖粒。

03. 混合後的奶油糖。仍然可以看見清晰的糖粒。

04. 再加入雞蛋與香草精。另外加入少許乾粉。

05. 改以手動方式,使用刮刀將食材拌合。

06. 加入過篩後的乾粉,加入時,請使用刮刀拌合。

07. 接著加入巧克力碎。

　　－請留下約 2 大匙的巧克力作為裝飾－

08. 以手動方式拌合,只要食材均勻混合就可以了。

09. 用小的湯匙舀出定量,大小約是栗子大,重量約 15 ～ 18g,放在已鋪烤紙的烤盤上。餅乾與餅乾中間一定要留下間距,才不會變成巧克力海洋。

　　Remark:餅乾麵團舀到烤盤上時不要壓,應該是呈現小小的、高高的一坨,在烘焙中會因為受熱而變平。

10. 在餅乾上擺上預留的巧克力碎塊。完成後,進爐烘焙。

266

烘焙與脫模 *Baking & More*

摘要	説明	備註
烤箱位置	中層，中央	直接使用烤盤。
烘焙溫度	**170°C**，上下溫	一個溫度到完成。
烘焙時間	**15 ～ 20** 分鐘 依據餅乾大小與厚度調整	直到餅乾均勻上色，餅乾邊緣色澤會略深。
出爐後的處理	餅乾要小心挪到冷的網架上。 **Remark**：烘焙完成的餅乾，質地非常軟，可以借助家裡的料理用具，例如鍋鏟，將餅乾移至網架。	餅乾留在熱的烤盤上，會因為烤盤的餘溫，而持續烘焙，進而影響餅乾的品質。

享用 *Enjoying*

- 費太太藍帶巧克力餅乾，在烘焙當天，完全冷卻後，就可以享受。
- 剛完成的餅乾，比較乾而脆。餅乾放涼之後，收進乾淨的金屬餅乾盒子裡，密封 2 天，口感就會回軟。

保鮮 *Storage*

- 收藏在乾淨的有蓋餅乾盒，或是玻璃器皿裡，可以保存 1 ～ 2 個星期。

寶盒筆記 *Notes*

費太太藍帶巧克力餅乾是真正的美式餅乾，具有標準美式餅乾口感。

蘇打粉（Baking Soda），用量需要準確的衡量，請使用標準烘焙量匙。蘇打粉過多過少，都會直接影響成品；蘇打粉過少，餅乾較為密實，蓬鬆度不佳；蘇打粉過多，會讓餅乾味道偏苦、有皂味，會直接毀了整個餅乾。

也可加入約 50g 切碎的堅果，例如核桃粒、胡桃、榛果等，更增餅乾的香氣。

這是個以純郁食材組合出來的好滋味餅乾。在做法上，難度非常低，並不一定需要電動攪拌機，利用家裡的飯勺一樣可以製作。在沒有購買任何烘焙用具時，就是用飯勺製作的。即使沒有烘焙經驗，只要按照步驟，一樣可以做得非常好。

保持餅乾酥香口感，切忌過度攪拌餅乾麵團，只要讓食材混合就可以。

記得排列餅乾麵團時，要留下間距。因為餅乾在烘焙過程中，會攤平。若間距不夠，烘焙後，會攤成一整塊餅乾海。

烘焙的溫度和時間應該依據餅乾大小與厚薄來調整。所提供的烘焙溫度和時間，只是作為參考。

餅乾中所使用的巧克力品質也會影響成品。巧克力受到高溫作用下，會軟化，在常溫中，則會恢復它的硬度。這也是自然現象。

如果不使用烤紙，烤盤上必須記得抹油灑粉，餅乾才不會沾黏。不過，因為這個餅乾的油脂比較高，使用抹油灑粉的方法，會造成餅乾過油。

布列塔尼酥餅

Galettes bretonnes au beurre salé

一如陽光，這麼 這麼溫暖，直達靈魂深處。

材料 Ingredients

製作 25 個布列塔尼酥餅
餅乾烤圈直徑 55mm ／金屬製
可使用鳳梨酥烤圈

食材	份量	備註
● 餅乾		
低筋麵粉	200g	-
泡打粉	1/2 小匙	-
糖粉	130g	-
香草糖	10g	可用 1 小匙香草精代替
無鹽奶油	125g	冷藏溫度
海鹽	刀尖量	建議使用「鹽之花」，使用前先磨成細末
雞蛋	1 個	中號雞蛋，帶殼重量約 60g，冷藏溫度
● 蛋黃液－不可省略		
蛋黃	1 個	中號雞蛋，帶殼重量約 60g，室溫
清水	2 小匙	-

烤模 Bakewares

大型烤盤......................1個 （食譜示範）

製作步驟大綱 Outline

以手動方式混合餅乾的食材 》 揉壓成麵團 》 冷藏鬆弛 1 小時 》
完成鬆弛的麵團壓平，整形成麵餅
》 使用餅乾壓模 》 冷藏鬆弛 15 分
鐘 》 刷蛋黃液 》 壓花 》 烘焙
烘焙完畢 》 靜置於網架上，直到完全冷卻 》 脫模 》 完成

製作準備 *Preparations*

摘要	說明	備註
烤箱	預熱溫度 220°C，上下溫	預熱時間 20 分鐘前 ＊麵團完成冷藏後， 　開始預熱
烤盤	鋪烘焙紙，或是使用玻璃纖維烘焙墊。示範的是烘焙墊。	備用
圓形餅乾烤圈	烤圈直徑：55mm ／中空 烤圈內要抹上薄薄的奶油（烤圈奶油過厚，餅乾外緣容易過度上色，也比較容易烤焦）。	備用
無鹽奶油	切成小塊，奶油溫度是冷藏溫度。	備用
雞蛋	打散。	備用

製作步驟 *Directions*

｜餅乾麵團｜

全程手動操作。

01. 在低筋麵粉中加入泡打粉與鹽。

02. 過篩在工作檯上。

03. 乾粉中間壓出一個凹槽，倒入所有的糖與香草糖。

04. 加入打散的雞蛋。

05. 加入切成小塊的無鹽奶油。奶油的溫度必須是冷藏溫度。用手指尖將食材搓合。

06. 剛開始會先呈現粗砂狀,再結塊。接著用手掌來回壓平,最後完成時,是均勻的麵團狀態。

   Remark:如果不喜歡用手,也可以用刮刀或是兩隻叉子來操作。麵團濕度略高,比較黏,最後階段使用刮刀會比較好操作。

07. 完成後,壓平成麵餅。用保鮮膜包裝,放入冰箱冷藏鬆弛至少 1 小時。

| 麵團切割與壓花 |

08. 麵團冷藏過後,準備進行切割與壓花。這時烤箱開始預熱。

09. 工作檯與擀麵棍灑上少許麵粉,麵團上下也都灑一點麵粉。

10. 使用擀麵棍,輕輕地來回滾平成麵餅,厚度約為 1.1 ～ 1.2cm。

11. 使用內緣抹上薄薄奶油的餅乾烤圈,將麵餅切割成小的圓餅乾。

12. 將切割好的餅乾連同烤圈,移動到鋪好烘焙紙的烤盤上。建議用刮板,才能讓餅乾保持漂亮的形狀。

13. 依序將所有餅乾移動到烤盤上,餅乾之間要留下間距。

14. 放入冰箱冷藏鬆弛 15 分鐘。

15. 準備蛋黃液:蛋黃中加入清水,均勻打散。

16. 使用小刷子,在冷藏後的餅乾上方刷上蛋黃液。

17. 再利用叉子或是竹籤,在餅乾上方畫線條(不畫也可以)。

18. 餅乾連同烤圈,一起入爐烘焙。

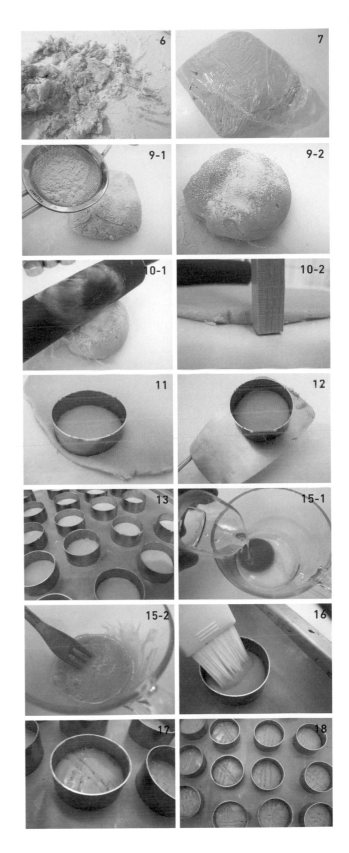

烘焙與脫模 *Baking & More*

摘要	説明	備註
烤箱位置	中下層	烤圈放在烤盤上。
烘焙溫度	220°C，上下溫	一個溫度到完成。
烘焙時間	約 15 ～ 20 分鐘 依據餅乾大小與厚度調整	布列塔尼酥餅應該烘焙到整個餅乾呈現均勻黃金色澤，才是正確的。
出爐後的處理	置於網架上冷卻。	完成烘焙後，餅乾要從熱烤盤上移開，因為烤盤的餘溫，會讓餅乾持續烘焙，進而影響餅乾的品質。
脫模	使用小刀，從底部，沿烤圈劃一刀。	-

Remark：餅乾入爐時，烤箱溫度要達到指定的溫度。由於各家烤箱功能特性不同，如果烤箱溫度無法到達 220°C，建議可以 180°C 烘焙，拉長烘焙時間，直到餅乾均勻上色。

享用&保鮮 *Enjoying & Storage*

● 布列塔尼酥餅當日就可以享用。個人覺得奶油真正回潤入味，是在烘焙 72 小時之後，給予布列塔尼酥餅一點時間，它將用最美的滋味回覆等待。

● 建議使用金屬餅乾盒密封保存，如果有效隔絕濕氣，可以保存約 4 週的時間。

寶盒筆記 *Notes*

布列塔尼酥餅的美味來自四大基本烘焙食材：麵粉、奶油、雞蛋、糖。縱使食材簡單，模樣樸素，布列塔尼酥餅營造的難忘美好滋味，在時間裡，成為了法國經典之一。在今日的法國小派點中，布列塔尼酥餅成為許多美麗水果塔的底座。讓人心折的檸檬球形慕斯與巧克力慕斯蛋糕，也都是由布列塔尼酥餅負責承托美味。

使用頂尖品質奶油，使用好鹽，會讓布列塔尼酥餅更見不同。

這道食譜可以用小的馬芬烤模來製作。

法國布列塔尼（Bretagne）製作這個小餅乾的傳統方法是用手混合餅乾麵團。對於習慣使用輔助器具和電器用品的人來說，雖然會有點奇怪，不過只要嘗試過，就能真正了解，手溫製作所給予餅乾的特別甜香。

淺談
奶油餅乾

製作篇
不需打發的餅乾

01. 奶油餅乾的製作方式有打發與不必打發兩種。不需要打發的餅乾麵團適合低溫。食材中的奶油與雞蛋，以及使用器皿與自己的雙手，都應該是冰冷的。

02. 不需打發的奶油餅乾麵團，類似甜塔皮麵團。製作時，無論是用手、攪拌機或是食物調理機，都應該避免過度操作麵團。

03. 製作餅乾跟製作麵包不同。正確的奶油餅乾麵團，只需要讓食材混合就完成，完成的餅乾麵團沒有光澤也不光滑。操作奶油餅乾麵團時，不要揉、不要拍、不要摔、不要過度攪拌；錯誤的製程會讓麵粉出筋，完成的餅乾會變硬，某些甚至會有嚼勁。

04. 傳統的奧地利主婦做法，是使用雙手製作奶油餅乾麵團，手溫比較高的話，或者會使用刮刀來混合餅乾的食材。用手製作奶油餅乾麵團，比較容易掌握麵團的混合度。因為手溫會讓食材中的奶油升溫，因此無法包住麵粉，就會發生麵團乾燥碎裂的現象。發現麵團變軟（奶油軟化）的時候，可以先將麵團冷藏靜置10～20分鐘。

05. 製作麵團時，若使用電動攪拌機，應該搭配彎鉤的配件。使用食物調理機製作，可以用「開－關－開」的間斷方式操作。當食材混合成粗砂礫狀時，應該取出在工作檯上，再用手掌推壓使麵團結團，才算完成。

06. 使用電動攪拌機與食物調理機所完成的餅乾麵團，比較容易因為操作過度而造成失敗，麵團會有容易碎裂、不能揉合的現象。

07. 完成製作的餅乾麵團，應該依需要整形成圓形或是方形的麵餅狀。厚度薄，可以減短冷藏鬆弛的時間。

08. 多數的餅乾麵團，必須先經過冷藏鬆弛後才使用。

09. 冷藏靜置的時間依麵團大小不一。麵團份量越大越厚，需要冷藏的時間越長。餅乾麵團與塔皮都可以提前製作，可隔夜冷藏鬆弛。麵團中的奶油溫度降低，讓麵團更容易操作。壓花製作時，餅乾不容易變形。

10. 鬆弛後的餅乾麵團，如果是在工作檯上擀製，應該要控制手粉的用量（手粉就是製作中防止麵團沾黏時用的麵粉）。手粉過多，會改變餅乾麵團食材的均衡比例，完成的餅乾會比較乾而硬。

11. 奶油餅乾不酥脆，或是餅乾麵團太軟，常是因為：攪拌過度、混合時間過長、麵團生筋、或是溫度過高。

12. 奶油餅乾過於乾硬，多半是因為在製作時使用太多的手粉。壓花製作時，工作檯要灑麵粉來避免麵團沾黏，麵粉量太多，餅乾的麵粉含量就增高，比例不同，餅乾自然就變硬了。失去其密酥特質。

13. 壓花前，先使用抹刀，在餅乾麵餅和工作檯間劃開。可以避免黏在工作檯的麵餅，經過壓花後拿不下來的困擾。

14. 漂亮的餅乾，得助於乾淨的工作檯與軋花模具。模具一旦有沾黏，應以熱水清洗拭乾。

15. 防止擀麵棍沾黏的方式：使用前，擀麵棍先滾點麵粉。防止軋花模具沾黏的方法：壓花前，模具先滾點麵粉。

16. 在操作過程中，若麵團升溫、質地變軟，應再放入冰箱冷藏一會兒。個人建議，餅乾麵團最好是分兩次取出使用，保持麵團品質。

17. 麵團一旦變得乾裂時，可以加少許奶油混合。

佛羅倫斯餅乾

Suess salzige Florentiner

傳統義大利堅果與乾果組合的厚餅乾，
一個讓笑容從心底溢出來的小點心。

材料 *Ingredients*　製作約 36 個佛羅倫斯餅乾　正方形分離式烤模 200×200mm

食材	份量	備註
● 餅乾塔皮		
低筋麵粉	180g	-
鹽	1 小撮	
榛果磨成的細粉	30g	可用核桃或是杏仁磨成的細粉替代。粉粒要越細越好，塔皮麵團會比較細緻
糖粉	60g	-
雞蛋	1 個	中號雞蛋，帶殼重量約 60g
無鹽奶油	100g	冷藏溫度
● 餅乾餡料		
無鹽奶油	60g	柔軟狀態
細砂糖	100g	
蜂蜜	4 大匙	-
動物鮮奶油 36%	4 大匙	-
綜合堅果	300g	混合堅果，切大碎粒
杏仁角	100g	長形的杏仁角
杏桃果乾	100g	半乾燥。全乾的杏桃果乾要先泡水至軟，瀝乾水分再使用
杏桃果醬	3 大匙	過篩後使用。可用其他果醬替代

烤模 *Bakewares*

正方形分離式烤模………200×200mm　　1 個　（食譜示範）

製作步驟大綱 *Outline*

製作餅乾塔皮：所有食材混合成麵團 》 壓合 》 包上保鮮膜 》 冰箱冷藏至少 30 分鐘（也可隔夜冷藏）

製作餅乾餡料：小鍋中加入奶油、糖、蜂蜜、動物鮮奶油 》 煮至沸騰 》 加入綜合堅果與杏仁角 》 加入杏桃果乾 》 均勻混合 》 冷卻

組合：塔皮入模 》 刷上杏桃果醬 》 填入餡料 》 壓緊餡料 》 烘焙

烘焙完畢 》 出爐後在網架上靜置，直到完全冷卻 》 脫模 》 切片 》 完成

製作步驟 *Directions*

｜餅乾塔皮｜

01. 容器中放入麵粉。

02. 加入榛果磨成的細粉。

03. 加入糖粉。

04. 加入鹽。

05. 加入切成塊的奶油。奶油直接從冷藏室取出使用。

06. 加入雞蛋。

07. 使用電動攪拌機，搭配彎勾配件，以中速進行攪拌。

> **Remark**：餅乾塔皮也可以手動方式操作。完整用手操作步驟，詳見 P260「香草月牙餅乾」。

08. 麵團剛開始會先形成粗砂狀，慢慢會結成團。完成這個步驟時，記得刮盆。

09. 將麵團壓平後，用保鮮膜密封起來，放入冰箱冷藏鬆弛，至少 30 分鐘。

10. 開始準備製作餡料。

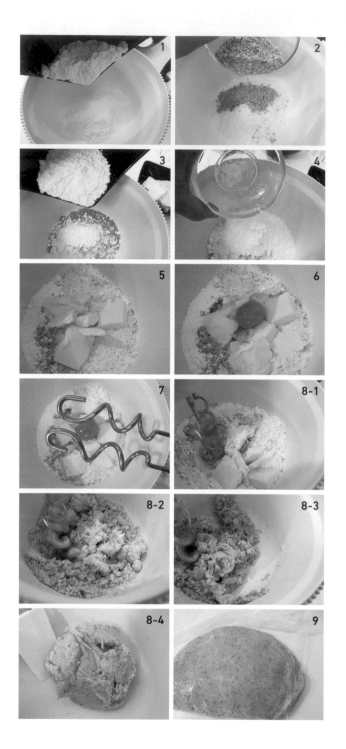

製作準備 *Preparations*

摘要	説明		備註
烤箱	預熱溫度 180°C，上下溫		預熱時間 20 分鐘前
烤模	抹油灑粉，或是鋪烘焙紙		備用
綜合堅果	包括核桃、腰果、榛果，切成大的碎粒後，放進乾鍋中（無油），再加入杏仁角一起炒香，直到炒出香氣，微微上色。		備用
杏桃果乾	半乾燥的，直接切粗絲。全乾的要先泡水至軟，瀝乾水分再使用。		備用

製作步驟 *Directions*

｜餅乾餡料｜

餡料必須提前製作，冷卻後才使用。

01. 準備一個小鍋，放入奶油與糖，以小火加熱。

02. 加入動物鮮奶油。

03. 加入蜂蜜。

04. 不要晃動鍋子，也不要攪拌。小火加熱到沸騰，可以看得到起泡的程度後，繼續加熱約 1 分鐘，呈現淡琥珀色澤，馬上離火。

　　Remark：一定要注意糖色的色澤變化，注意要用小火，焦糖從琥珀色到焦黑，時間非常非常短。焦糖如果熬太黑，會發苦，就不能再食用，必須重新製作。

　　Remark：沸騰的過程，會先從邊緣開始，慢慢到中間。可以看到冒起小小的泡泡。

05. 加入所有堅果。

06. 加入切成粗絲的杏桃果乾。

07. 用湯匙攪拌均勻即完成。

08. 餡料靜置，直到冷卻。

製作步驟 *Directions*

| 餅乾塔皮與餡料組合 |

01. 工作檯灑上少許麵粉，使用擀麵棍，將冷藏後的麵團擀成大於烤盤的塔皮。技巧是慢慢地讓擀麵棍來回在麵團上滾動，不要用壓擀的方式。

Remark：事先使用篩子在工作檯與擀麵棍上篩上少許麵粉，特別是擀麵棍上，會比較好操作。手粉不宜過多，才不會讓麵團食材的比例改變，而過度乾燥。

02. 先用長刮刀在塔皮與工作檯之間劃開，塔皮才不會因黏住工作檯而破裂。

03. 擀平後，用擀麵棍小心地捲起。

04. 將塔皮放入烤模中，邊緣留下 1cm 高，並用小刀切除過多的塔皮。

05. 再將塔皮與烤模底壓合。

06. 刷上過篩後的杏桃果醬。

07. 填上冷卻的餡料。

Remark：一定要等餡料完全冷卻後才使用。才不會因為餡料的溫度，在烘焙前，造成塔皮融化。

08. 用湯匙仔細壓緊餡料。特別注意邊緣不要遺漏。

Remark：如果還有剩下的塔皮，可以利用餅乾軋花模，做自己喜歡的裝飾。

09. 完成後，進爐烘焙。

烘焙與脫模 *Baking & More*

摘要	說明	備註
烤箱位置	下層	使用烤盤。
烘焙溫度	180°C，上下溫	一個溫度直到完成。
烘焙時間	50～60 分鐘	直到表面均勻上色，特別是邊緣部份，可以看到明顯的金黃色澤。
蓋鋁箔紙隔熱	烘焙結束前 15 分鐘，如果上色過快，可以考慮在餅乾上方蓋鋁箔紙隔熱。	示範沒有做這個動作。
脫模	出爐後，靜置在網架上，一定要等完全冷卻後才脫模，才切割。	-

享用&保鮮 *Enjoying & Storage*

● 佛羅倫斯餅乾，可以放入加蓋的金屬餅乾盒，或是密封的玻璃容器中保存。

● 在乾燥、低溫的環境中，密封狀態，可以保存約 2 週時間。

剛出爐尚未切割的佛羅倫斯餅乾。

寶盒筆記 *Notes*

建議使用半乾燥的果乾。果乾的含水量決定了果乾的保存期限，半乾燥的果乾，保存期限較短，在手上還是能感受果子的濕潤度，且果香較濃。使用在點心製作中，不會吸取過多麵糊裡的水分，點心可以保持理想的濕潤度。

如果使用非常乾燥的果乾，在使用前，應該用熱水稍微泡軟、瀝乾。

綜合堅果也可以用烤箱烘烤，建議使用大烤盤，堅果要盡量鋪平，設定 120°C 上下溫，放置在烤箱中層，乾烘約 10～12 分鐘。烘焙時間視堅果顆粒大小決定，烘到堅果表面略微上色就可以。

餅乾塔皮要經過冷藏鬆弛至少 30 分鐘，也可以隔夜。可以提前分段製作。

餡料與糖漿完成後，一定要等冷卻才能使用。餡料溫度過高，會影響塔皮質地。

餅乾塔皮上塗抹的杏桃果醬會增添果子香氣，也有「隔離」的作用。除了杏桃果醬，也可以用其他柑橘果醬來替代。個人覺得杏桃果醬最適合。

熬煮奶油蜂蜜糖漿時，必須仔細觀察糖色的色澤變化，注意要用小火，焦糖從琥珀色到焦黑，時間非常非常短。焦糖如果熬煮過度，時間過長，色澤是黑咖啡色，會發苦，就不能再食用了，這種情況就必須重新製作。

必須等到佛羅倫斯餅乾完全冷卻後，才切割，再用裁好的烘焙紙分別包裝。溫熱時就切開，餡料容易散開。

佛羅倫斯餅乾經過放置後，餡料中的堅果與杏桃果乾由於奶油蜂蜜糖漿作用會軟化，結合餅乾塔皮會形成很棒的鬆軟口感，是個讓人非常喜歡與動心的小點。

榛果杏仁角餅乾

Nussecken

餅乾塔皮上，榛果與杏仁的完美合聲。

材料 *Ingredients*

製作約 30 個榛果杏仁角餅乾
長方形烤盤 240×320mm

食材	份量	備註
● 餅乾塔皮		
低筋麵粉	200g	-
泡打粉	1/2 小匙	使用烘焙標準量匙測量，平匙為準。加入泡打粉，塔皮會比較蓬鬆好吃
鹽	1 小撮	-
細砂糖	50g	-
糖粉	50g	-
雞蛋	1 個	中號雞蛋，帶殼重量約 60g，室溫
無鹽奶油	90g	冷藏溫度
● 餅乾餡料		
無鹽奶油	125g	柔軟狀態
細砂糖	125g	-
香草糖	1 大匙	可用香草精 1 小匙取代
清水	3 大匙	-
榛果磨成的細粉	200g	可用核桃磨成的細粉替代
杏仁片	100g	-
杏桃果醬	100g	過篩後使用，可用其他果醬替代
● 裝飾		
調溫苦味巧克力 54% 以上	100g	請不要使用調味或夾心巧克力。切成碎粒後，隔水加熱融化，略微冷卻後備用

烤模 *Bakewares*

長方形烤盤.............. 240×320mm　1 個　（食譜示範）

製作步驟大綱 *Outline*

製作餅乾塔皮：所有食材混合成麵團 》 壓合 》 包上保鮮膜 》 冰箱冷藏至少 **30** 分鐘（也可隔夜冷藏）
製作餅乾餡料：小鍋中加入奶油、糖、清水、香草糖 》 煮至沸騰 》 加入榛果磨成的細粉 》 加入杏仁片 》
　　　　　均勻混合 》 冷卻
組合：塔皮入模 》 塔皮戳洞 》 刷上杏桃果醬 》 填入餡料 》 烘焙
烘焙完畢 》 出爐後在網架上靜置，直到完全冷卻 》 脫模 》 切片
製作巧克力醬 》 餅乾沾巧克力醬 》 靜置直到乾燥 》 完成

製作步驟 *Directions*

| 餅乾塔皮 |

01. 在麵粉中依序加入鹽、泡打粉、糖粉。

02. 使用篩子,將粉類過篩在工作檯上。

03. 利用篩子,在過篩後的乾粉中央壓出一個凹槽。

04. 加入細砂糖。

05. 再加入切成塊的奶油。奶油直接從冷藏室取出使用。

06. 最後加入雞蛋。

07. 使用刮板切拌。

   Remark:或是使用手拌合。

08. 麵團剛開始會先成為粗砂狀,慢慢地再結成團。

09. 成團的麵團,用掌心推壓,反覆幾次,直到麵團的質地細緻。

10. 將麵團壓平整後,用保鮮膜密封起來,放入冰箱冷藏鬆弛,至少 30 分鐘。

製作準備 *Preparations*

摘要	說明	備註
烤箱	預熱溫度 180°C，上下溫	預熱時間 20 分鐘前
烤模	鋪烘焙紙。烤模上先抹一點油，再鋪上烘焙紙，比較容易固定。烘焙紙要留下邊，烘焙完才比較容易拉起。	備用
杏桃果醬	過篩。如果果醬太硬，可用微波爐略微加熱。	備用

製作步驟 *Directions*

| 餅乾餡料 |

餡料必須提前製作，冷卻後才使用。

01. 準備一個小鍋，放入奶油，以小火加熱。

02. 奶油融化成液態後，加入糖。

03. 倒入清水。

04. 再加入香草糖。

05. 不要攪拌，保持小火加熱到沸騰，可以看得到起泡的程度後，馬上離火。

06. 接著加入榛果磨成的細粉。

07. 再加入杏仁片。

08. 將食材攪拌均勻即可。

09. 餡料靜置，直到冷卻。

　　Remark：餡料使用時，必須是完全冷卻的，才不會影響餅乾塔皮。

製作步驟 *Directions*

| 餅乾塔皮與餡料組合 |

01. 工作檯先灑上少許麵粉，使用擀麵棍，將冷藏後的麵團擀成大於烤盤的塔皮。技巧是慢慢地讓擀麵棍在麵團上來回滾動，不要用壓擀的方式。

    Remark：事先使用篩子在工作檯與擀麵棍上篩上少許麵粉，特別是擀麵棍上，會比較好操作。手粉不宜過多，才不會讓麵團食材的比例改變，而過度乾燥。

02. 先用長刮刀在塔皮與工作檯之間劃開，塔皮才不會因黏住工作檯而破裂。

03. 擀平後，用擀麵棍小心捲起。

04. 將塔皮放入烤模中。邊緣稍微厚一點，大約 1cm 高，並用小刀切除過多的塔皮。

05. 再將塔皮與烤模底壓合後，在餅乾塔皮上戳洞。

06. 刷上過篩後的杏桃果醬。

07. 鋪上已冷卻的餡料。餡料表面用小湯匙抹平，特別注意角落與邊緣不要遺漏。

    Remark：如果還有剩下的塔皮，可以利用餅乾軋花模，做自己喜歡的裝飾。

08. 完成後，進爐烘焙。

寶盒筆記 *Notes*

餅乾塔皮要經過冷藏鬆弛至少 30 分鐘，也可以隔夜。為了操作方便，可以提前分段製作。

餅乾餡料完成後，一定要等冷卻才能使用。餡料溫度過高，會影響塔皮質地。

烘焙完成的餅乾必須等到完全冷卻後，才能切開。溫熱時就切開，餅乾容易散裂。

這是奧地利一個非常有名的甜點心，有奶油塔皮的酥香，也有榛果和杏仁的堅果滋味，非常適合作為下午茶的點心。

烘焙與脱模 *Baking & More*

摘要	説明	備註
烤箱位置	下層	使用烤盤。
烘焙溫度	180°C，上下温	一個溫度直到完成。
烘焙時間	50～60 分鐘	直到表面均勻上色，特別是邊緣部份，可以看到明顯的金黃色澤。
蓋鋁箔紙隔熱	烘焙結束前 15 分鐘，如果上色過快，可以考慮在蛋糕上方蓋鋁箔紙隔熱。	示範沒有做這個動作。
脱模與切割	出爐後，靜置在網架上，一定要等完全冷卻後才脱模，才切割。切片時，先切成 5～7cm 見方的長方形，再對切成三角形。	Remark：在餅乾仍有溫度時切開，比較容易碎裂。

裝飾 *Decorations*

｜巧克力醬｜

01. 苦甜巧克力先切成小的碎粒。

02. 將巧克力碎置於容器中。所使用的容器，口徑應該比裝水的小鍋大，這樣可以防止水氣進入巧克力。

03. 隔水加熱。小鍋中裝入適量的水，水位的高度，不能碰到上方巧克力容器的底部，也就是容器底部不能碰到小鍋中的水。這是靠蒸氣的熱度融化巧克力。

04. 使用橡皮刀或是小湯匙，以畫圈的方式攪拌巧克力。

05. 直到融化成光滑、有光澤的巧克力醬。
    Remark：注意不要讓巧克力醬進水。

06. 切成三角形的榛果杏仁角餅乾，把三個角浸入巧克力中。完成後放在烘焙紙上，直到巧克力乾燥後，就可以放入餅乾盒保存。

🍴🍽 享用&保鮮*Enjoying & Storage*

● 榛果杏仁角餅乾，可以放入加蓋的金屬餅乾盒，或是密封的玻璃容器中保存。

● 在乾燥、低溫的環境中，密封狀態，可以保存約 2 週時間。

IT'S
GONNA
BE GREAT

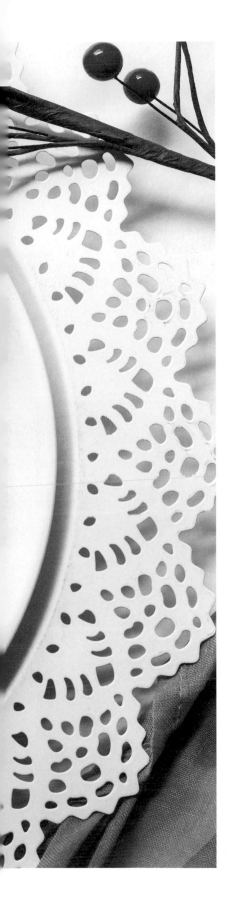

維也納巧克力餅乾

Wiener Schokolade-Spritzgebaeck

稜線與弧度，將甜蜜長情一一深藏，
即使最簡單的滋味，也能飽含渴望。

材料 *Ingredients*

製作約 30 個維也納巧克力餅乾
大烤盤 1 個

食材	份量	備註
● 餅乾		
低筋麵粉	250g	-
原味可可粉	30g	烘焙用的無糖、無添加可可粉
鹽	1 小撮	-
無鹽奶油	125g	柔軟狀態
細砂糖	125g	-
雞蛋	1 個	中號雞蛋，帶殼重量約 60g，室溫
全脂鮮奶	50 ～ 100ml	室溫，視麵糊的濕度調整
● 裝飾—請不要省略		
白巧克力豆	60g	如使用白巧克力磚，要切成小塊狀，隔水融化
調溫苦味巧克力 60%	30g	也可用苦甜巧克力

烤模 *Bakewares*

大烤盤..........................1 個 　（食譜示範）

製作步驟大綱 *Outline*

餅乾製作：奶油打發 》加入糖 》分兩次加入蛋汁 》加入鮮奶 》
　　　　　加入乾粉拌合 》將麵團填入擠花袋 》擠花 》切割 》
　　　　　烘焙 》烘焙完畢 》在網架上靜置，直到完全冷卻
餅乾裝飾：白巧克力隔水融化 》餅乾 1/3 部分沾巧克力醬 》餅乾
　　　　　上灑上巧克力碎 》靜置在烘焙紙上直到乾燥 》完成

製作準備 *Preparations*

摘要	說明		備註
烤箱	預熱溫度 180°C，上下溫		預熱時間 20 分鐘前
烤盤	鋪烘焙紙，或是玻璃纖維烘焙墊		備用
乾粉類	麵粉、可可粉、鹽，先仔細混合，再過篩。 Remark：可可粉比較容易受潮結團，使用前一定要過篩。		備用
雞蛋	打散。		備用
擠花用工具	擠花袋 1 個＋擠花花嘴 1 個 示範花嘴 Open Star 8 齒，直徑 1.4cm		因為食材中可可粉的關係，餅乾麵團比較硬，若使用的花嘴過小，會比較難操作

製作步驟 *Directions*

｜餅乾製作｜

01. 使用電動攪拌機，低速，先略微打發奶油。

02. 再分多次加入糖。

03. 每次加入糖，都要使用電動攪拌機中低速，確實打發。砂糖在打發過程中會慢慢融化。

04. 奶油糖霜完成時的狀態。這時候，糖粒不明顯，還會看到點點沙沙的小糖粒痕跡。

05. 加入蛋汁。最好分兩次，加入蛋汁後要確實打發。電動攪拌機啟用中低速即可，時間約 1 ～ 2 分鐘。

06. 加入鮮奶 50ml。繼續打發約 1 分鐘。

07. 完成打發後的奶油糖蛋鮮奶糊。色澤會比較淡，質地變蓬鬆而柔軟。

08. 分多次拌入過篩的乾粉。請使用矽膠刮刀或是飯勺，手動操作。（飯勺會更好，因為可可粉的緣故，會吸收麵團中的水分，麵團會變得很重。）

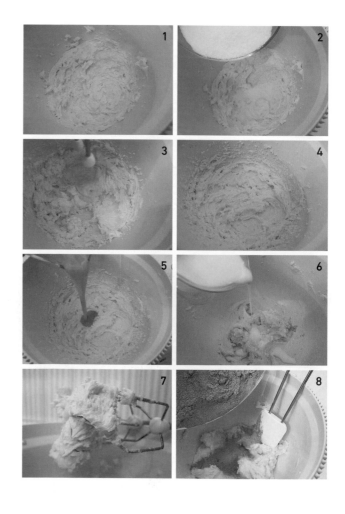

09. 建議使用壓拌的方法，先把乾粉壓入奶油糊中，再從底部往上翻拌。避免使用攪拌的方式，容易讓麵粉出筋。

10. 如果發現拌不動、拌不開，可以再少少加入一點鮮奶調節。額外加入的鮮奶，不要超過50ml。請注意，加入的鮮奶越多，擠的花型紋路會越不明顯。（成品照片中的餅乾，完全沒有加入額外的鮮奶。）

11. 餅乾麵團完成時的狀態。

12. 如果矽膠刮刀太軟，無法施力，可以使用飯勺完成拌合的動作。

13. 將麵團填入擠花袋。可將空的擠花袋先套入高的玻璃杯中，再填入麵團。

    Remark：麵團中的可可粉會吸收麵團中的水分，讓麵團非常硬，所使用的擠花袋如果質地不夠堅實，容易在擠花操作時，破袋。所使用的擠花嘴的直徑如果太小，會提高操作難度。

14. 擠成與烤盤同寬的連續的長條狀，中間不斷開。（步驟照片是已經切塊的餅乾。）

15. 使用塑膠刮板先切除兩端，每一條再用刮板等分為 4 ~ 5 塊。麵團要切斷，烤完的餅乾才有很漂亮的斷口。完成後，入爐烘焙。

    Remark：餅乾在烘焙中會略微長高，不會變寬，不需要留下間距。我所完成的餅乾長約 **5cm**、寬為 **2.5cm**，是長方形塊狀的餅乾。

    Remark：使用烘焙墊時，不能用刀子做切割動作，會破壞烘焙墊。

烘焙與脫模 *Baking & More*

摘要	說明	備註
烤箱位置	中層	直接使用烤盤。
烘焙溫度	**180°C**，上下溫	一個溫度到完成。
烘焙時間	**20 分鐘** 依據餅乾大小與厚度調整	維也納巧克力餅乾因為可可顏色，會比較難判斷是不是烤熟。可以檢查餅乾底部的中央是否看到濕氣。
出爐後的處理	餅乾要小心挪到冷的盤子上，直到完全冷卻，才可以裝盒。剛出爐的餅乾質地很軟，要小心操作	餅乾留在熱的烤盤，餅乾會因為烤盤的餘溫，而持續烘焙，會影響餅乾的品質。
Remark：餅乾一定要確實烤乾、烤熟，才出爐。沒有熟透的餅乾，沒有應有的香氣，有時吃得出麵粉味，餅乾中的濕氣也會減短餅乾的保存期限。		

製作步驟 *Directions*

｜餅乾裝飾｜

準備步驟：準備乾淨的烘焙紙或是玻璃纖維烘焙墊

01. 用隔水加熱方式，製作白巧克力醬。如果所使用的白巧克力與苦味巧克力是巧克力磚，應該要先切成小塊狀，大小不同沒有關係，最大塊的不要超過小指甲大。

02. 小鍋子加水，開中火，上方放一個比小鍋子口徑大的容器。容器底部不要碰到小鍋子裡的水。上方容器口徑比較大，才不會進水。

03. 在大鍋子中倒入白巧克力豆。

04. 使用湯匙略微攪拌。

05. 直到 **90%** 的白巧克力融化，小鍋子就要離火。繼續用湯匙畫圓攪拌，直到均勻。請不要讓白巧克力醬持續加溫。

06. 取烘焙完成的餅乾，沾白巧克力醬。大約 **1/3** 或 **1/4** 的餅乾沾上白巧克力醬。

07. 灑上一點切成碎粒的苦味巧克力在白色巧克力醬上。要在白巧克力醬還沒有凝固前操作，才黏得住苦味巧克力。

> **Remark**：如果灑上的苦味巧克力碎有融化的現象，表示白巧克力醬溫度過高。建議靜置一會兒或是容器底部浸冷水，稍微讓白巧克力醬降溫後再使用。

08. 完成裝飾的餅乾放在乾淨的烘焙紙上，大約需要 **1** 個小時的時間，直到完全乾燥後，才能收入餅乾盒。

🍽️ 享用&保鮮 Enjoying & Storage

- 維也納巧克力餅乾在剛剛完成時，會比較乾燥，建議給予餅乾至少 24 小時的時間。

- 回潤後，餅乾有著很豐富的可可香氣，加上苦味巧克力與白巧克力的滋味提昇，真的讓人愛極了。

- 應該放入可以密封的金屬餅乾盒中保存。不需要放入冰箱冷藏。

- 妥善保存在餅乾盒中的餅乾，能夠在室溫中存放約 7 ～ 10 天。環境溫度低時，保存時間會更長。

📝 寶盒筆記 Notes

維也納巧克力餅乾特別美味，食材簡單，操作也非常容易上手。最大的製作難度，是麵團完成後的擠花動作：因為可可粉會吸收麵團中水分的關係，建議使用質地比較堅實的擠花袋，以及口徑較大的擠花嘴操作（示範成品所使用的擠花嘴直徑是 1.4cm）。

希望餅乾成品保持漂亮的線條與紋路：注意食材的乾濕比例，保持擠花嘴的清潔，留心餅乾進入烤箱時的溫度。

使用不同份量的鮮奶嘗試，發現如果只有使用 50ml 鮮奶，完成的餅乾所呈現的線條最好。加入的液態食材越多，花紋越不容易保持。

如果增加鮮奶的份量，最多不要超過 50ml。也就是說，依照食譜份量，使用鮮奶的總量不要超過 100ml。

在味道上，鮮奶份量少，可可的滋味越是濃郁。即使用了 100ml 鮮奶製作，還是非常可口，只是在外型的線條感上比較不明顯。

環境溫度低的時候，操作硬度高的擠花麵團，真的是一個挑戰。

用刮板切開麵團的方式，給予餅乾另外一種特別的美感與規矩。

不能用刀子在烘焙墊上切割餅乾麵團，會破壞烘焙墊。

蜂蜜伯爵瑪德蓮

Earl Gray Tea with Honey Madeleines

蜂蜜與伯爵紅茶的同行，無極限的瑪德蓮夢想。

材料 *Ingredients* | 製作 24 個蜂蜜伯爵瑪德蓮 瑪德蓮專用烤盤 1 個

食材	份量	備註
● 瑪德蓮		
無鹽奶油	120g	製作焦化奶油，法文：Beurre noisette
低筋麵粉	90g	-
泡打粉	3g	英文：Baking Powder，不可省略，請準確測量
雞蛋	2 個	中號雞蛋，帶殼重量約 60g，室溫
細砂糖	70g	-
蜂蜜	20g	-
伯爵紅茶 _ 茶末	1 ～ 2 大匙	視個人口味調整伯爵茶濃度
● 裝飾－可省略		
糖粉	適量	-

烤模 *Bakewares*

瑪德蓮專用烤盤 ....依各家烤模為準　　1 個　（食譜示範）

製作步驟大綱 *Outline*

製作麵糊： 製作焦化奶油 》雞蛋、糖、蜂蜜、乾粉、伯爵茶末，拌合均勻 》分次倒入焦化奶油 》均勻混合麵糊 》密封後，冰箱冷藏 6 ～ 10 小時

烘焙與裝飾：麵糊完成冷藏鬆弛後，入模 》進爐烘焙 》烘焙後脫模，放在網架上靜置，直到完全冷卻 》糖粉裝飾（可省略）》完成

製作準備 *Preparations*

摘要	説明	備註
製作焦化奶油	詳細操作方式，請見製作步驟	備用
乾粉類	低筋麵粉與泡打粉先混合，再過篩。泡打粉的用量不應調整，不可省略，請使用烘焙標準量匙，準確衡量。	備用

製作步驟 *Directions*

｜焦化奶油／又稱榛果奶油｜

01. 準備一只小鍋，放入無鹽奶油，用中小火煮化奶油。

02. 加熱過程中，慢慢會看到白色的泡沫。

03. 將上層的奶油泡沫撥開，查看底部的色澤。

04. 奶油中的水分會慢慢蒸發。中間要稍微攪拌，以免鍋底的奶油燒焦。

05. 完成時，在鍋子邊邊與鍋底都會看到，奶油中的蛋白質經過焦化過程所形成的深褐色渣渣。

06. 焦化奶油製作完成時呈現淡淡的琥珀色澤，有著濃郁的奶油香氣。完成後，鍋子要離火，以免奶油繼續加熱而焦黑。

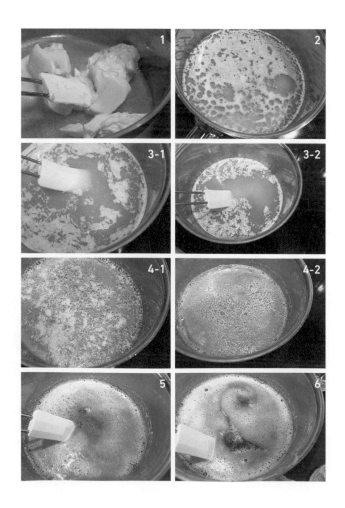

| 瑪德蓮麵糊 |

使用打蛋器，以手動方式操作。

07. 容器中放入雞蛋，打散。

08. 加入糖攪拌，直到糖完全融化。

09. 接著加入蜂蜜，攪拌均勻。

10. 再加入過篩後的乾粉，以手動方式拌合。

11. 仔細拌合，直到成為一個質地濃稠而滑順的麵糊。

12. 再加入伯爵茶的茶末。

13. 一樣仔細拌合，直到均勻。

> **Remark**：所使用的伯爵茶葉應如茶末，不宜過粗。如果茶葉過大，要先磨成細末再使用。建議使用茶包，茶末粗細度很合宜。

14. 將焦化奶油分三次加入。每次都均勻淋在麵糊表面後，攪拌。

> **Remark**：使用焦化奶油時，要注意焦化奶油的溫度，應該在 60 ～ 40℃ 之間。
>
> **Remark**：焦化奶油可以不必過濾，直接使用，烘焙後，瑪德蓮的色澤會比較深。圖中的焦化奶油是經過過濾的。

15. 焦化奶油的渣渣是可以食用的，因此可以一併倒入。

16. 以手動方式，將食材均勻拌合，直到麵糊表面不會看到奶油，即可。

17. 完成的瑪德蓮麵糊的狀態。

18. 將瑪德蓮麵糊裝入容器中，用保鮮膜密封好，放入冰箱內冷藏鬆弛融合，約 6 ～ 10 個小時。示範的麵糊是經過隔夜冷藏的。

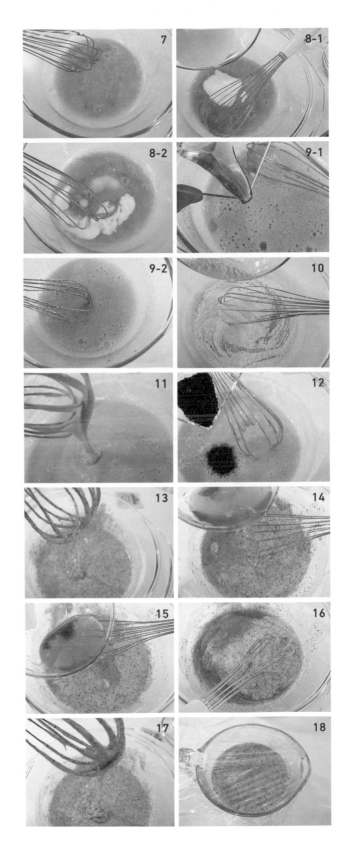

製作準備 *Preparations*

摘要	説明	備註
烤箱	預熱溫度 180°C，上下溫	預熱時間 20 分鐘前
烤模	抹上薄薄的奶油、灑上麵粉後，多餘的麵粉要倒出來。	備用

製作步驟 *Directions*

｜瑪德蓮麵糊冷藏後 – 入模｜

01. 烤箱預熱完成後，才從冰箱中取出冷藏的麵糊。麵糊經過冷藏後，有了伯爵茶與焦化奶油融合的香氣，麵糊的色澤比冷藏前還深。

02. 使用小湯匙，也可以用擠花袋，將麵糊填入瑪德蓮烤模中。

> **Remark**：盡可能讓每一個烤模的麵糊份量相同，才不會因為同一盤的瑪德蓮厚薄不同，而出現某些過焦、某些烘焙不足的問題。

03. 因為食材中使用了泡打粉，在烘焙過程中，麵糊會膨脹，所以烤模中填入的麵糊不要超過八分滿，烤出來才能保持漂亮的形狀。

04. 最後，記得將烤模放在工作檯上震一震，讓麵糊平整。完成後，入爐烘焙。

烘焙與脫模 *Baking & More*

摘要	説明	備註
烤箱位置	中層，中央	瑪德蓮烤模放在網架上。
烘焙溫度	**180℃**，上下溫	一個溫度到完成。
烘焙時間	**12 ～ 16 分鐘** 依據瑪德蓮大小與厚度調整時間	直到瑪德蓮均勻上色，成為金黃色，瑪德蓮邊緣的色澤會略深。
出爐後的處理	將瑪德蓮脫模，挪到冷的網架上冷卻。	瑪德蓮不可留在熱的烤模中，因為烤盤的餘溫，會讓瑪德蓮持續烘焙，而過於焦乾。
冷卻後的裝飾	等完全冷卻後，就可以灑上糖粉裝飾（可省略）。	

Remark：
瑪德蓮上方有美麗的弧度，是俗稱的肚臍。面向烤模的一側，也保有著很完整而美麗的紋路。
脫模時可以用小牙籤或其他細長工具協助。如果烤模事先有仔細抹油灑粉，脫模就非常容易。
由於各家廠牌的瑪德蓮烤模，大小設計、品質與塗層都不同，是否需要做抹油灑粉這個動作，請使用者自行判斷。

瑪德蓮出爐後，要立刻脫模，等到冷卻後再灑上糖粉。

享用 *Enjoying*

- 蜂蜜伯爵瑪德蓮，滋味非常豐潤。烘焙完成，冷卻後，等幾個小時，就可以享受。

- 將瑪德蓮收進乾淨的金屬餅乾盒子裡，密封 2 天，更能體會焦化奶油的香氣，並在回韻中享受伯爵茶與蜂蜜的好滋味。

 保鮮 *Storage*

- 收藏在乾淨的有蓋餅乾盒，或是玻璃器皿裡，可以保存 1 個星期。

 寶盒筆記 *Notes*

製作瑪德蓮所使用的麵粉與泡打粉一定要經過混合與過篩的步驟。過篩後的乾粉，更容易吸收焦化奶油的香氣，烘焙完成的瑪德蓮也能有均勻漂亮的質地。

藉由泡打粉的蓬鬆力，能夠讓瑪德蓮蓬鬆並隆起漂亮的圓頂，而產生俗稱的肚臍，法文稱之為 la bosse（凸點），這同時也是代表著瑪德蓮特有美味的象徵。

泡打粉的用量要準確衡量，請使用標準烘焙量匙，泡打粉過多或過少，都會直接影響成品。

法國傳統製作的瑪德蓮是使用焦化奶油（又稱榛果奶油，法文 beurre noisette）完成的。奶油經過加熱焦化後成為琥珀色澤，並帶著類似榛果的香氣。焦化奶油的製作，雖然會多一層工序，卻能提昇瑪德蓮口感與香氣，真心建議嘗試。

在瑪德蓮中所使用的糖，也會讓瑪德蓮擁有不同的滋味。蜂蜜能提高瑪德蓮的滋潤度，如果使用砂糖與蔗糖的組合，會讓瑪德蓮擁有類似太妃糖的味道。

冷藏鬆弛瑪德蓮麵糊到底有多重要？不同的食譜或許建議不同的操作方式，以蜂蜜伯爵瑪德蓮來說，我曾經嘗試過冷藏 30 ／ 60 分鐘後就送入烤箱烘焙，雖然成品也很漂亮，不過，在口感上的差異性很明顯，特別容易察覺的是瑪德蓮上雖然看得到伯爵茶，不過茶的滋味卻沒有完全被釋放。另外，從滋潤度、蓬鬆度來說，也可以感受差別。

我所查閱的法國瑪德蓮食譜，都提到在烤模上抹油灑粉來防止瑪德蓮沾黏。

有時候在抹油灑粉後還是發生黏模的現象，有可能是以下的幾個原因之一：

- 抹油灑粉不完整
- 烤模有殘留物，沒有清除
- 麵糊過多而溢出，黏住外緣
- 烘焙時間過長，底部焦黏
- 烘焙時間不足，水分沒有烤乾而黏模

瑪德蓮的麵糊中有泡打粉，麵糊填入烤模的份量應該不要超過八分滿，才能完成形狀漂亮的瑪德蓮。

烘焙的溫度和時間應該依據瑪德蓮大小與厚薄來調整。食譜所提供的烘焙溫度和時間，只是作為參考。

世界最早有關瑪德蓮的紀錄出現在西元 1755 年。

淺談
奶油餅乾

01. 如果只用一個烤盤烤餅乾，壓花後，餅乾應放在烤紙上，餅乾間留間距，可以避免餅乾在烤製時黏在一起。

02. 壓好花的餅乾，不可放在還有餘溫的烤盤上。烤盤的溫度會讓餅乾麵團變軟，讓完成壓花的餅乾變形。

03. 盡可能讓每個餅乾保持一樣的厚度和大小，才能讓一個烤盤上的餅乾色澤均勻，不致於造成某些過焦、某些火候不夠的現象。

04. 餅乾烤好後，要立即從烤箱中取出。並且，立刻將餅乾從烤盤上移到準備好的架子或是盤子上。否則，烤盤的餘溫會讓餅乾持續烘焙，餅乾有可能因此而過度烘焙。

保存要領

● 餅乾應該放入有蓋、而且可與空氣隔絕的餅乾盒或玻璃器皿中保存。保存前，一定要等餅乾完全冷卻。

● 不同口味的餅乾，應該分開存放，避免影響每種餅乾的獨有味道。

● 如果餅乾變得乾硬，可以切一小塊蘋果放在餅乾盒中。兩天後丟棄蘋果，或是換一片新鮮的蘋果片。

● 餅乾的最佳賞味時間，實際上是在完成烘焙的幾天之後。餅乾經過休息，各種食材組合的口感更和諧。

● 奶油餅乾裝在密封的金屬餅乾盒內，並且存放在陰涼沒有直接日照的地方，可以保鮮 4~6 週（依實際環境溫度而有差異）。將餅乾仔細包裝密封後，可以冷凍方式保存。

SPECIAL

手作

醃漬水果・果醬

糖漬無花果

Eingelegte Feigen

蘭姆酒延伸無花果的真實，
讓糖漬無花果在糕點裡有更醇美的相遇。

材料 *Ingredients*

食材	份量	備註
乾燥無花果	500g	-
清水	70 ～ 150ml	依據無花果乾燥程度調整
蘭姆酒	40ml	-
蔗糖	2 大匙	在台灣又稱為二砂糖

製作步驟 *Directions*

| 糖漬無花果 |

01. 乾燥的無花果先用溫熱水洗淨，去除硬蒂。

02. 在小容器中，先加入一半的水（約 70ml）與蔗糖煮沸，直到蔗糖融化。再加入洗淨的乾燥無花果。

03. 以慢火熬煮。過程中要略微翻動。

　　Remark：依據實際狀況加入清水。水量不要過多，只要確認無花果不會燒乾就可以。

04. 慢火沸騰約 10 分鐘後，離火。這時候乾燥無花果已經比較軟化。

05. 接著加入蘭姆酒。

　　Remark：一定要離火後才加入蘭姆酒，酒才不會因為加熱而揮發。

06. 靜置直到冷卻後，裝入高溫處埋過的玻璃罐，即完成。在靜置中，無花果會吸收水分與酒精。

🍽️ 享用&保鮮 *Enjoying & Storage*

● 糖漬隔日，無花果的味道就非常好。

● 3 天後，蘭姆酒中的酒精已經揮發，在無花果中會留下很棒的香氣。

● 盛裝的玻璃容器，使用前要先經過沸水煮過殺菌。

● 糖漬無花果放入冰箱冷藏，可保存大約 2 ～ 3 週。

📔 寶盒筆記 *Notes*

糖漬無花果可以用在各種糕點製作中，例如作為餡料、裝飾、搭配各種堅果與乾果。無花果特殊的口感與風味，能給予糕點更豐富的層次。

糖漬無花果與巧克力蛋糕的搭配，尤其令人難忘。

糖漬無花果也適合搭配優格、各種起司、沙拉、前菜。

杏桃醬

Marillenkompott

採擷樹梢上的陽光，裝罐。

材料 *Ingredients*

食材	份量	備註
新鮮杏桃	500g	未去核的實重
清水	250ml	請用標準量杯，仔細衡量
砂糖	150g	-
新鮮檸檬汁	半個檸檬	-

製作步驟 *Directions*

｜杏桃醬｜

01. 將杏桃洗淨並瀝乾水分後，切半，去核。

02. 取一只乾淨的小鍋子，以小火加熱，先倒入清水。

03. 再加入所有砂糖，加熱，直到糖粒全部融化。

04. 將要沸騰時，倒入全部的杏桃 ，並加入檸檬汁。

05. 用最小火，慢慢燉煮。

06. 杏桃剛入糖漿時，合桃還是保持果子原狀。

07. 燉煮直到沸騰。持續沸騰狀態約 3 ～ 5 分鐘後，熄火加蓋，靜置燜約 15 分鐘。

    Remark：泡泡在冷卻後會消失，不必撈出。

    ＊果子不能持續在沸騰狀態，或是經過長時間熱煮，果子肉會因連續加熱而散開，要避免。

08. 靜置後，填入經過殺菌處理的乾淨玻璃瓶，封蓋即完成。

    ＊所使用的玻璃器皿與蓋子，都必須經過沸水殺菌。在沸水中煮 10 分鐘後，確實瀝乾、擦乾水分才能使用。（詳細心得分享請見「紅酒釀黑李」食譜）

    Remark：所使用的鍋勺器具、廚房巾都必須是乾淨的，可避免生化現象。

紅酒釀黑李

Zwetschen in Rotwein

紅酒釀黑李,引爆黑李蛋糕的微酸與鮮甜,
渴求穿越味感導火線。

| 糕點類別…**紅酒蜜漬鮮果**

材料 *Ingredients*

食材	份量	備註
新鮮黑李子	1000g	未去核的實重
紅酒	270ml	請用標準量杯,仔細衡量
果醋	130ml	蘋果醋、梅子醋等都可以
砂糖	500g	-
整枝肉桂	1 枝	不能用肉桂粉
蘭姆酒 38%Vol	50ml	-

製作步驟 *Directions*

| 紅酒釀黑李 |

01. 將黑李洗淨並瀝乾水分後,切半、去核。

02. 取一只乾淨的小鍋子,以小火加熱,先倒入
紅酒,再加入果醋,並放入整枝肉桂。

03. 接著加入所有砂糖,加熱,直到糖粒全部
融化。

04. 將要沸騰時,倒入全部的黑李。

05. 以最小火，慢慢燉煮。

06. 黑李剛入紅酒糖漿時，黑李還是保持果子原狀。

07. 漸漸地，紅酒糖漿會愈煮愈濃稠，水分會慢慢減少。

08. 燉煮直到沸騰。持續沸騰狀態約 3 ～ 5 分鐘後，離火。

Remark：泡泡在冷卻後會消失，不必撈出。

＊果子不能持續在沸騰狀態，或是經過長時間熬煮，果子肉會因持續加熱而散開，要避免。

09. 鍋子離火後，加入蘭姆酒。

Remark：加入蘭姆酒時，以及加入蘭姆酒之後，都不應該再加熱，這樣紅酒黑李才能完全保留蘭姆酒的香氣。

10. 完成後，趁熱裝入經過殺菌處理的乾淨玻璃瓶，封蓋即完成。

＊所使用的玻璃器皿與蓋子，都必須經過沸水殺菌。在沸水中煮 10 分鐘後，確實瀝乾、擦乾水分後才能使用。（請見寶盒筆記）

Remark：所使用的鍋勺器具、廚房巾都必須是乾淨的，可避免生化現象。

寶盒筆記 *Notes*

儲存果醬與釀漬果子的罐子，必須是玻璃製的玻璃瓶罐，依照自己的需要選擇合適的大小。

儲存釀漬果子與醃漬水果的玻璃罐，開口寬的，比較合適。釀漬果子比較能保持完整。

玻璃瓶罐要選用有旋鈕式的蓋子，如果是使用回收瓶罐，一定要確認瓶蓋是否密合，蓋子內如果有脫漆與生鏽的痕跡，就不能再使用。

密封緊合的瓶與蓋，能夠有效的隔離空氣，防止生化感染與黴菌孳生，延長釀漬與醃漬果子的保存期限。

完成的釀漬與醃漬果子，都應該清楚標示製作時間與內容物。

釀漬與醃漬食物腐壞，大部份是因為不適當的容器與容器本身的污染。分享以下的玻璃容器的前置處理方法：

1）瓶與蓋，無論新舊，都應該在使用前做消毒工作。

2）將瓶子放入沸騰的鹽水裡煮 10 分鐘，之後，放入烤箱中以 100°C 確實烘乾。

3）將瓶子放入沸騰的水裡，煮 10 分鐘，之後確實瀝乾水分，容器內必須是完全乾燥的，才能使用。

4）有些特別設計的瓶罐是搭配橡皮圈使用的，橡皮圈也必須在加入少許的醋的熱水中消毒。使用家庭食用醋就可以，消毒沸騰時間是 2 ～ 3 分鐘，加熱時間過長會破壞橡皮圈的彈性。

5）旋鈕蓋可以在熱水中加溫消毒，消毒溫度在 80°C。消毒後，必須是完全乾燥的，才能使用。

鹽之花焦糖醬

Sahnekaramell mit Fleur de Se

鹽與糖，最詩意的邂逅。

材料 *Ingredients* | 成品約 300g |

食材	份量	備註
清水	115g	-
白砂糖	240g	-
鹽之花	1/2 小匙	可用海鹽取代，不過滋味不同。
香草莢	1 枝	-
動物鮮奶油 36%	225g	室溫

📝 寶盒筆記 *Notes*

製作焦糖時，務必注意安全。請不要讓小朋友待在爐火附近。

所製作的焦糖醬的濃稠度，取決於實際需要用途。作為淋醬用，或是淋在蛋糕、冰淇淋、甜派等的焦糖醬，應該是接近糖漿模樣，液態的、有流動力，濃稠度比較低。

熬煮焦糖時，人一定不能離開爐火。焦糖一旦熬煮過頭，超過 180°C，味道就會變苦，已經無法使用與食用，只能重新製作。

焦糖從蜂蜜色澤轉為琥珀色澤，再轉往深咖啡色，時間非常非常短，必須特別注意，才能有成功的作品。

為了防止加熱過度，可以先準備一盆冰水，必要時，將小鍋底部浸入冰水來降溫。

焦糖在熱的時候，有流動性。在冷卻後，流動力會比較低。如果不是熬煮得過於濃稠與過硬，使用前在室溫中回溫，就可以使用。

焦糖醬完成時，若留在鍋子中，有持續加熱的現象，可以在焦糖醬中加入非常少量的水來降溫。加水時，因水溫與焦糖醬有溫差，熱焦糖醬有濺出來的可能，要非常小心。

動物鮮奶油在使用前，應該加熱到約體溫溫度，這樣才不會因為冷藏鮮奶油與焦糖的溫差過大，而在倒入時溢出來，而發生危險。

如果沒有加熱鮮奶油，應該至少提早取出，留在室溫中回溫後，再使用。

熬煮焦糖的鍋子，建議使用材質好的厚底鍋。鍋子泡熱水後，就很容易清潔。

製作步驟 *Directions*

| 鹽之花焦糖醬 |

01. 取一只乾淨的小鍋子,以中火加熱,先倒入清水。

02. 再加入所有砂糖。

03. 接著加入鹽之花。

04. 持續以中火加熱,用叉子畫圈,幫助糖溶解。

05. 用小刀切開香草莢,並仔細刮出所有的香草籽。 香草籽備用。

06. 直到糖水沸騰,就不要再使用叉子攪拌。刮完籽後的香草莢也可以放入小鍋中與糖水同煮。

07. 繼續加熱,不要攪拌,讓水分蒸發。糖水在慢慢的加熱過程中,可以明顯看到小鍋周圍的糖,色澤開始變深。加熱途中,如有必要,可以搖晃鍋子,讓糖均勻分佈。

08. 在周圍色澤轉變成蜂蜜色澤時,就要降低火候到最小火。

09. 約在 1 ～ 2 分鐘之內,色澤會從像蜂蜜色澤轉成琥珀色,質地呈現濃稠而緩緩流動的濃漿狀。

10. 保持最小火,先倒入一半動物鮮奶油。確認為安全狀態後,再倒入剩下的鮮奶油。

　　Remark:如果一次倒入所有鮮奶油,食材受熱上升,會開始冒大的蒸氣泡泡,有可能因為鍋子過小而滿溢出來,或是有焦糖噴出,相當危險。焦糖非常非常燙,約是 160 ～ 170°C,務必要注意安全。

11. 中間使用防熱的刮刀慢慢畫圈攪拌。直到達到自己喜歡的濃稠度,就能離火。

12. 離火後,加入香草籽即完成。

13. 將焦糖醬裝入耐熱的罐子裡,靜置在室溫中,直到冷卻後,封罐,再放入冰箱冷藏。香草莢不必撈起來,可以留在焦糖醬中釀漬。

　　＊焦糖醬在乾淨的密封罐中,可以冷藏保存 1 個月。

烘焙

問與答

1

烤箱預熱，時間應該預熱多久？

要預熱直到需要的溫度。每家烤箱功能不同，並沒有一定的規定預熱時間，奧地利的烘焙書多半建議 30 分鐘。以我使用的 60 公升容量烤箱來說，如果理想溫度是 180°C，需要預熱約 20 分鐘。

應該依據自家烤箱的功能來決定預熱所需要的時間。重要的是，糕點入爐時的烤箱溫度，必須達到需要的溫度。

2

室溫／常溫是幾度？

室溫與常溫容易誤導，我們小廚房的實際室溫溫度的確比較高，理想的糕點製作室溫／常溫是 18°C，特別是在製作酥皮、塔派，還有某些餅乾時，環境溫度會直接影響成品品質。當烘焙書食譜要求食材回溫到室溫／常溫時，食材溫度不要低於 18°C 就可以。

3

為什麼烤模抹油灑粉後，蛋糕還是無法順利脫模？

蛋糕無法脫模，或是脫模不完整，可能有幾個原因：

(1) 烘焙不夠。外緣還沒有成功結殼，麵糊還是濕潤狀態。

(2) 烘焙過度。蛋糕因為烘焙過久，外層結成厚殼，過於乾燥的麵糊黏住烤模。

(3) 抹油灑粉步驟不夠確實完整。特別是使用類似咕咕霍夫花紋細緻的烤模，線條紋理處若沒有處理恰當，會因此沾黏而失敗。

(4) 抹油灑粉。抹的油，是奶油。灑的粉，一般以麵粉為多。

(5) 蛋糕出爐後靜置時間不夠。蛋糕剛出爐時，質地較軟，若嘗試馬上脫模，容易造成失敗的成品。應該先靜置 10 ～ 15 分鐘，讓蛋糕略微穩定後，再脫模。

4

為什麼乳酪蛋糕烘焙後可以留在烤模中冷卻，磅蛋糕卻不行？

生乳酪蛋糕，是靠吉利丁定型。蛋糕體需要冷卻，才能達到固定的狀態，在固定前，不能脫模。烘焙的乳酪蛋糕，經過高溫烘焙後，乳酪是軟質的，一樣必須留在烤模中經過冷卻與冷藏，等乳酪固定後才能脫模。

磅蛋糕，食材中大部份的水分，經過烘焙蒸發。蛋糕出爐 10 ～ 15 分鐘後，質地較為穩定，應該就要脫模。如果讓蛋糕留在烤模中冷卻，蛋糕中的熱氣，因為無法散熱揮發，會讓蛋糕的周邊，特別是底部會因為水蒸氣而變得濕軟，影響蛋糕的質地。因此，磅蛋糕不能留在烤模中冷卻，應該在出爐後稍微靜置一會兒，就要進行脫模，然後放在網架上散熱與冷卻。

5

參考磅蛋糕食譜，但用馬芬模烘焙，只能填入 8 個馬芬時，時間溫度怎麼調整？

可以考慮使用同樣的烤溫，烘焙時間會因為小份量而減短。一般直徑 7 公分的奶油麵糊馬芬需要 20 分鐘，建議在 15 分鐘時開始顧爐觀察。

應該注意的是，如果使用的是 12 連馬芬模，8 個填入麵糊的馬芬應該放在外圈，內圈空格應該用紙杯裝點水，不要空燒，馬芬上色受溫會比較均勻。

6

如果發現蛋糕不熟，還可以再進爐烘焙嗎？

大部份發現蛋糕不熟，是在切開的時候，多半蛋糕已經完全冷卻了，就算再次進爐烘焙，也無法改變蛋糕的質地。

除了一個狀況，糕點再次入爐烘焙是有幫助的。個人的經驗是，使用長形水果條烤模，在蛋糕出爐側臥等待脫模時，如果觀察到蛋糕中央向下塌陷，這個時候，如果馬上將蛋糕送回烤箱再次烘焙，可以稍微改善烘焙不足的問題。

7

小烤箱溫度不穩定，怎麼完成大份量的食譜？

烤箱不穩定時，如果不是因為故障，建議採購烤箱內用溫度計，能比較容易掌握烤箱溫度的變化。

大份量的食譜，可以小份量的烤模分裝分量製作。小份量的糕點，厚度薄、高度低，烘焙時間相對比較短，比較容易掌握。

8

按照食譜的溫度與時間去做，蛋糕脫模後，為什麼中間下陷了？

食譜給予的烘焙溫度與時間，是一個參考數值，實際操作時，要依照糕點實際烘焙狀況來決定。舉例來說，食譜建議烤溫 180°C，時間 30 分鐘；在家如果使用同樣的烤溫，30 分鐘後，發現還沒有熟，當然應該拉長時間，繼續烘焙，直到完成。

蛋糕脫模後，外型上如果有以下的現象，如中央下陷、一側歪、兩側內凹、底部內凹……，都是烘焙溫度與時間出了錯誤造成的。如果發生中央下陷的情況，可以知道，蛋糕中間還是軟質地的，表示沒有烘焙透，所以脫模後下陷。

建議再次檢查烤箱溫度，調整烘焙時間，並記得在食譜上作記錄，再次嘗試時就能夠改善烘焙不足的問題。

9

可以用鋁箔紙蓋著麵糊烘焙嗎？

蓋鋁箔紙，通常是為了防止蛋糕上色過多，由此可知，鋁箔紙有隔熱功能。所以蓋著鋁箔紙烘焙，會延長烘焙時間。而且，烤箱熱力傳遞受到阻隔，蛋糕受熱的實際烘焙溫度比較低，所以糕點或許會有吃溫不足的現象。

10

為什麼完成的蛋糕有兩種顏色，外層顏色淺、內圈顏色深？

內圈有比較深的色澤，表示還沒有烘焙透，亦即沒有完全烤熟。當烤溫沒有真正到達蛋糕的中心，或是烘焙時間不夠時，麵糊中還有水分，麵糊色澤會比較深，有時候甚至可以看到部份有糊狀的質地，表示還沒有烘焙完成。

需要檢查與調整烘焙溫度與烘焙時間，就能改善。

11

為什麼蛋糕在烤箱中膨脹得很高，一出爐就整個坍下來，而蛋糕切開時，確定烤熟了？

以全蛋法製作，食材中有膨鬆劑（泡打粉、蘇打粉）的蛋糕。

蛋糕確定熟了，但還是有明顯的坍塌，這時候，建議檢查所使用的泡打粉與蘇打粉的用量，是不是使用烘焙用標準量匙衡量？是不是平匙？當使用太多，超過比例的泡打粉時，麵糊在烘焙中會過度充氣膨脹，出爐碰到冷空氣就會塌下來，並且在蛋糕表面留下皺摺般的紋路。

而最糟糕的是，使用過多的泡打粉或是蘇打粉，會破壞蛋糕的均衡味道，讓蛋糕帶有明顯的皂味與苦味，甚至無法食用。

以分蛋法製作，食材中沒有膨鬆劑，或是只有少量膨鬆劑的蛋糕。

蛋糕在出爐後塌陷，有可能是蛋白消泡，蛋白打發不足，蛋白打發過度，加入糖的時間點不正確，使用了不同的糖，麵糊沒有拌合均勻，拌合手法需要修正，攪拌過度，烘焙溫度不正確，烤箱底火過低，烘焙時間過長……等等的原因。

12

蛋糕上方有裂口，出爐以後回縮，是正常的嗎？

如果蛋糕食材中有膨鬆劑，如泡打粉與蘇打粉，當麵糊受熱時，麵糊中的氣體上升，都會仕蛋糕上方留下裂口，這是正常現象。假若不喜歡自然的裂口，可以在蛋糕上層結皮後，用小刀劃出平整的開口。如果小烤箱的溫度不穩定，不建議在烘焙時間一半以前就打開烤箱，這樣會影響烤箱內的恆溫，進而影響烘焙成果。

蛋糕在冷卻過程略微回縮，屬於正常現象。如果蛋糕回縮很多，又有明顯塌陷的現象，錯誤或許發生在食材比例上，或是操作步驟上，或是烘焙溫度與時間上。也有可能，在食材、操作、烘焙都發生錯誤。

13

使用鮮奶油做蛋糕裝飾，為什麼一下子就變水水的？

作為裝飾用的動物鮮奶油，乳脂肪含量在 30～50%。乳脂肪含量較高的鮮奶油，穩定度比較好。動物鮮奶油是一個需要冷藏的食材，即使經過打發，即使打發中加入有固定作用的糖粉或是吉利丁類等食材，處於常溫環境中，還是會慢慢變成流質的狀態。

14

為什麼完成的蛋糕裡面，有很多大洞？

如果在完成的糕點裡，看到大洞、甬道，很有可能是因為加入乾粉食材時，攪拌方式錯誤，或是攪拌時間過長、用力過度等因素。另外應該檢查所使用的麵粉是否依照食譜，泡打粉的份量比例正不正確。

15

使用自發麵粉或是蛋糕麵粉製作蛋糕，需要再加泡打粉嗎？

自發麵粉中已經有泡打粉，並不需要另外添加泡打粉。如果使用的是蛋糕麵粉時，就要加入泡打粉。

自發麵粉（self-raising flour），成份中已經含有固定比例的泡打粉，如果再加入泡打粉，會造成糕點中的膨鬆劑過多，也會造成失敗的成品。另外應該注意的是大部份自發麵粉中，還含有鹽，也是需要列入考量的。

蛋糕麵粉（cake flour），因為加入玉米粉（corn starch）來降低麵粉中的蛋白質含量，筋度比一般的低筋麵粉低。

製作糕點餅乾，建議使用一般的低筋麵粉（all purpose flour），如果另外需要添加膨鬆劑、鹽、玉米粉等食材，食譜中都會清楚列出份量。而且有些食譜是不需要任何膨鬆劑的，自發麵粉就不適合使用。

使用一般的低筋麵粉，除了避免配方比例上發生錯誤外，也具有節省儲存空間與經濟簡單的特點，特別對小家庭來說，是比較好的做法。

16

完成的甘納許巧克力醬一直軟軟的，為什麼不會凝固？

假若甘納許無法凝固，要再次檢查食譜，並且檢查所用的食材。如果是巧克力塔的巧克力內餡，食譜配方不同，有不同的呈現。有些巧克力塔本來就是軟質地的。

食材上，所選用的巧克力，可可脂至少在 50%，只能使用動物鮮奶油 36% 乳脂肪。

巧克力：動物鮮奶油的比例＝ 2：1。舉例來說，200 公克的巧克力：100 公克的動物鮮奶油，在室溫中才會凝固。

巧克力：動物鮮奶油的比例＝ 1：1。巧克力與動物鮮奶油的比例等量，完成的甘納許是軟質的，多半作為巧克力糖球、巧克力淋醬等。

17

烘焙一定要使用無鹽奶油嗎？

是的，烘焙應該只使用無鹽奶油。如果需要加入鹽，食譜配方中都會列明。

有鹽奶油的成份中，各家廠商都有不同的鹽分比例，並沒有一定標準。值得注意的是，含鹽的奶油，水分含量比無鹽奶油高。使用無鹽奶油與含鹽奶油操作同一個食譜，呈現的成果因此不同。

無論是烘焙蛋糕、餅乾，還是塔派，整體食材的水分含量比例均衡，才會完成質地理想、口味絕佳的糕點。

18

打蛋白，建議用新鮮雞蛋的蛋白，如何知道雞蛋新不新鮮？

用一個略深的容器裝水，放入的雞蛋如果是沉入底部，是平躺狀態，表示雞蛋是新鮮的。在敲開雞蛋時，仔細觀察蛋白，如果蛋白質地濃稠，包圍著蛋黃，不會水水的流散，雞蛋就是新鮮的。

19

如何防止塔皮內縮，壓模式的餅乾變形？

大多數的塔皮與壓模餅乾的麵團，都建議經過冷藏靜置與鬆弛後才使用。麵團，每凡經過手揉，經過擀、壓、整形……等操作，都要再次冷藏鬆弛後才能使用。

製作塔皮，建議使用中筋麵粉，盲烤時，重石要鋪得平均而滿。

製作塔派與壓模餅乾時，如果發現麵團變軟，應該要再次放入冰箱冷藏靜置，降溫後，再使用。

壓模餅乾在壓模後，應該用塑膠刮刀或其他平面的工具移動，才不會影響壓模後的形狀。

20

如何讓派塔皮保持乾燥？

派塔的烘焙方式有二種：

① 派塔皮在填入內餡之前，會先經過盲烤，再以空燒方式烘焙直到完成（內餡不必烘焙）。

② 派塔皮經過兩次烘焙，一是填入內餡前的盲烤與空燒成半成品，二是填入內餡後烘焙到完成。

③ 派塔皮與內餡一同烘焙。舉例：雙層塔派、蘋果派。

派塔皮先經過烘焙，質地比較乾、口感較為酥脆。盲烤步驟結束，移除烤紙與重石後，可以在塔皮上刷上打散的蛋白，再進爐烘焙直到均勻上色。蛋白可以幫助塔皮保持酥脆與乾燥。

做法①與②的派塔皮，在填入內餡前，先要確定派塔皮是完全冷卻的。除此之外，可以再做另一層隔離：在填入餡料前，先在派塔皮上刷上過篩後的果醬或是巧克力醬（黑白巧克力醬都可以），來保持派塔皮的乾燥。

做法③的內餡是與塔皮同時入爐烘焙的，例如蘋果派……等水果派，濕潤度都比較高。製作內餡的時候留心內餡食材的水分比例，使用餡料前要確認餡料已經降溫冷卻。熱餡料會讓派塔皮中的奶油融化，在烘焙中吸收內餡中的水分。

學習與啟發 · 引用與延伸
烘焙食譜、理論、步驟、操作技巧的參考資料與源處

書籍

- Wiener Suessspeisen, Karl Schuhmacher, TRAUNER Verlag ＋ Buchservice GmbH, Austria

- Lehrbuch der Baeckerei, TRAUNER Verlag ＋ Buchservice GmbH, Austria

- Sacher, das Kochbuch. Die feine Oesterreichische Kueche.
  Pichler Verlag in der Verlagsgruppe Styria GmbH & Co KG, Austria

- Backen à la française, Jean Michel Raynaud

- Back Vergnuegen wie noch nie, Graefe und Unzer Verlag, Germany

- Plachutta Kochschule, Christian Brandstaetter Verlag GmbH & Co KG, Austria

- Sweets, Nicole Stich, Graefe und Unzer Verlag, Germany

- Kuchen backen, Graefe und Unzer Verlag, Germany

- Die leckersten Plaetzchen aus der Landfrauen Baeckerei, KOMET Verlag GmbH, Germany

- Mrs. Fields Cookie Book, Time-Life Books, USA

- Johann Lafer Backen, Graefe und Unzer Verlag, Germany

- ケークの技術，旭屋出版書籍編輯部，日本

大眾傳播媒體

- 法國媒體 — Le Monde，烘焙單元：Cuisiner avec Chef Simon

- 法國媒體 — Cuisineaz

- 家庭媒體 — Bakers' Corner

- 傳播媒體 — Dr. Oetker Original Rezepte

- 傳播媒體 — Brigitte.de

- 雜誌 — Canadian Living Magazine

- 奧地利家庭雜誌 — Frisch Gekocht

- 報紙 — 奧地利 Voeslauer 地方報

官方網站、部落格與其他

- 法芙娜巧克力（Valrhona Chocolates）官網專業配方
- 美國 Kraft 公司官網
- 英國傳統糕點老店：Branscombe Old Bakehouse, Devon
- 部落格名稱：Natuerlichkreative
- 部落格名稱：Bake to roots
- 部落格名稱：Money's mon 的雜炊筆記
- Eileen Gray
- Janina Lechner
- 奧地利 Schuh 婆婆家傳食譜
- 奧地利 Simone 婆婆
- 奧地利寶盒

　　屬於食譜的最美的旅行是在手溫中傳遞，在味道中延續。
國際城市裡的經典咖啡店中的糕點，幫助我記憶了最美的滋味。
　　書籍、網站與媒體刊物，幫助我實現重現滋味的願望。
收藏在這個篇幅裡的每一個名字，都代表了一個起源與一個延伸。
　　每一個名字裡，都有我的學習與練習，感動與感謝。

台灣廣廈 國際出版集團
Taiwan Mansion International Group

國家圖書館出版品預行編目資料

奧地利寶盒的家庭烘焙：讓我留在你的廚房裡！蛋糕、塔派、餅乾，40道
操作完整、滋味真純的溫暖手作食譜書／傅寶玉著.
-- 新北市：台灣廣廈，2018.03
面；　公分 . --（生活風格系列；47）
ISBN 978-986-130-386-4（平裝）
1.點心食譜

427.16　　　　　　　　　　　　　　　　　　　　106024423

台灣
廣廈

奧地利寶盒的家庭烘焙

讓我留在你的廚房裡！蛋糕、塔派、餅乾，40道操作完整、滋味真純的溫暖手作食譜書

作　　　者／傅寶玉	編輯中心編輯長／張秀環
攝　　　影／傅寶玉	編輯／許秀妃
	封面設計／曾詩涵・內頁排版／亞樂設計有限公司
	製版・印刷・裝訂／東豪・弼聖・秉成

行企研發中心總監／陳冠蒨	線上學習中心總監／陳冠蒨
媒體公關組／陳柔彣	產品企製組／顏佑婷
綜合業務組／何欣穎	

發 行 人／江媛珍
法律顧問／第一國際法律事務所 余淑杏律師・北辰著作權事務所 蕭雄淋律師
出　　版／台灣廣廈有聲圖書有限公司
　　　　　地址：新北市235中和區中山路二段359巷7號2樓
　　　　　電話：（886）2-2225-5777・傳真：（886）2-2225-8052

代理印務・全球總經銷／知遠文化事業有限公司
　　　　　地址：新北市222深坑區北深路三段155巷25號5樓
　　　　　電話：（886）2-2664-8800・傳真：（886）2-2664-8801
郵 政 劃 撥／劃撥帳號：18836722
　　　　　劃撥戶名：知遠文化事業有限公司（※單次購書金額未達1000元，請另付70元郵資。）

■出版日期：2018年03月　　　　■初版7刷：2022年11月
ISBN：978-986-130-386-4　　　　版權所有，未經同意不得重製、轉載、翻印。